Yoshiko Tsukiori
Arrange wear
→

Yoshiko Tsukiori
Arrange wear

Yoshiko Tsukiori
Arrange wear

Yoshiko Tsukiori
Arrange wear

自己作20款 質感系手作服

Introduction

為了製作不同款式的服裝，

許多人認為，製作作品所需要的紙型除了身片，

還包括袖子、領子等。

但其實不需要太多紙型，也可以變化出豐富的設計款式。

這本書的身片紙型只有一種，

根據領圍、剪接、下襬等設計，約2至4種系列共用一種紙型。

依照袖子、領子紙型的組合，衍生出各種設計。

將基本的長版上衣，改變長度或變化領圍、

添加袖子或領子、加上前開襟設計……

本書的20款服裝只是我獨創的一小部分而已，

請參考各個作品，製作出你最喜愛的款式吧！

月居良子

Contents

Arrange E

改變領圍設計

12

襟開叉長版上衣
P.14

14

立領上衣
P.16

13

前襟開叉上衣
P.15

15

帶領上衣
P.17

Arrange F

領台設計

16

羊毛布長版襯衫
P.18

18

圓領上衣
P.20

17

雙色長版襯衫
P.19

19

時尚剪接襯衫
P.21

Various arrangements

應用作品

20

褶襴連身裙
P.22

21

燈芯絨長版襯衫
P.24

3

Basic pattern
基本款式

1

法式包袖長版上衣

How to make P.28

落肩設計的包袖長版上衣，寬鬆尺寸穿起來很舒適。
附有詳細的圖片解說步驟，即使是初學者也可以輕鬆製作。

布料提供　CHECK&STRIPE

改變素材&長度

2

羊毛布連身裙
How to make P.42

只改變素材和長度，就會給人完全不同的印象。沿著紙型下襬線延長來增加長度。也附有詳細的
圖片解說，請選擇自己喜歡的長度加以調整。

布料提供　CHECK&STRIPE

Arrange B

接縫袖子

3

落肩袖連身裙
How to make P.44

將作品2的連身裙加上袖子的款式,看起來更加正式。搭配直線裁剪的細褶荷葉邊,就可以製作
個性化服裝,非常適合初學者挑戰看看。

布料提供　Yuzawaya

4

落肩袖上衣

How to make P.46

素雅的落肩袖上衣,下襬加上剪接片設計,更顯時尚。乍看之下好像很難,但只要使用長方形布片抽拉細褶,再接縫下襬就完成了,是製作輕鬆且效果很好的作品。

布料提供 Yuzawaya

5

細褶袖上衣

How to make P.48

搭配袖細褶,胸前也採細褶設計呼應。柔軟的棉麻布料可以製作出均等分量的細褶,給人優雅印象。

布料提供 CHECK&STRIPE

改變領圍設計

6

V領格紋連身裙

How to make　P.50

V領與灰色格紋布的中性化組合，很適合搭配女性化的細褶袖設計。
為了製作出工整的V領，請仔細參考製作的解説。

布料提供　OKADAYA

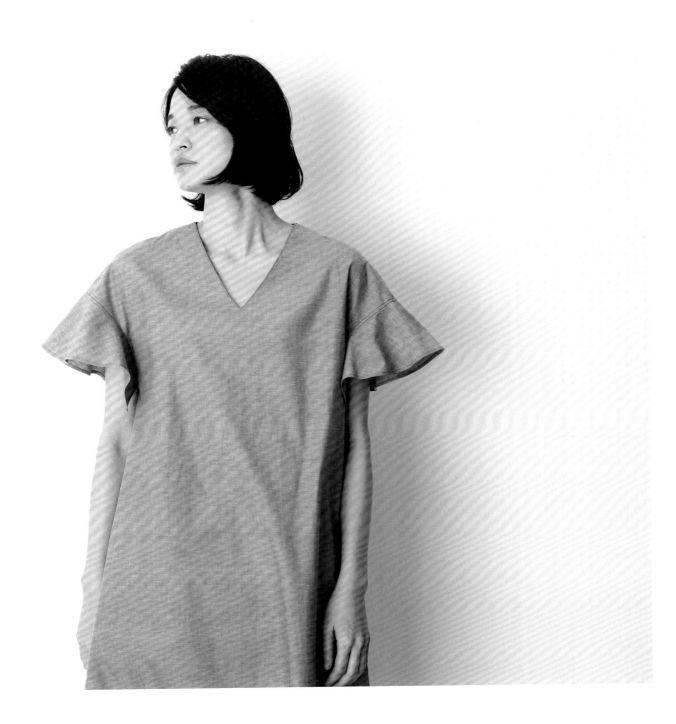

7

V領丹寧連身裙

How to make P.52

採用素雅的休閒布料，更要講究細節變化。
清爽的領子輪廓突顯成熟大人風味，荷葉袖設計可展現飄逸輕盈感。

布料提供　Yuzawaya

前開襟設計

8

丹寧大衣
How to make P.54

基本長版上衣變身長版大衣。大V領設
計,只需要分別裁剪左右身片即可。開前
襟的設計讓款式的種類更加豐富。

布料提供　CHECK&STRIPE

9

羊毛外罩衫

How to make P.51

製作方法同作品8的要領,領圍和長度稍
加變化的外罩衫款式。素材選擇具伸縮
性,方便活動的針織布料。凹凸質感的圖
案相當俏皮可愛。

布料提供　CHECK&STRIPE

10

和風式上衣

How to make P.60

將簡單的前開襟稍作一點變化。下襬線和
領圍線筆直延長連接,和風式上衣就完成
了。下襬作法同作品4的細褶剪接方式。

布料提供　CHECK&STRIPE

11

和風款大衣

How to make P.57

溫暖的外罩衫款式，高雅亞麻布製作的外套相當時尚。
作法類似作品10的和風式上衣，也可以當成長版上衣來搭配。

布料提供　CHECK＆STRIPE

改變領圍設計

12

前襟開叉長版上衣

How to make　P.62

雖然是簡單素雅的款式，前開叉設計添加
了個性化元素，但製作起來又不會太複
雜。接縫前中心時，預留下開叉部分即可。

布料提供　Yuzawaya

13

前襟開叉上衣
How to make　P.64

表面露出的袖接縫線，更加強調出細褶設
計。搭配上洗練的開叉，展現恰到好處的
甜美。和休閒褲的組合毫無違和感。

布料提供　OKADAYA

14

立領上衣
How to make　P.66

開叉領的應用篇，輕鬆縫製領片款式。改
為後片開叉，布料對摺設計立領包夾領
圍。搭配包釦，一體成形。

布料提供　Yuzawaya

15

帶領上衣

How to make　P.68

同樣為前片開叉款式，將領片長度加長，
同作品14作法包夾車縫。帥氣的帶領，搭
配袖子和後身片的細褶設計，產生出絕妙
的組合造型。

布料提供　CHECK&STRIPE

領台設計

16

羊毛布長版襯衫

How to make P.70

學會車縫前開叉和簡單領片後，開始挑
戰正式的領台襯衫。溫暖的羊毛素材搭
配長袖設計，天氣寒冷時可直接穿上，
是非常便利的百搭單品。

布料提供　OKADAYA

17

雙色長版襯衫

How to make P.72

採雙色剪接設計的襯衫。領台與身片同色，加上背後褶襉，成為有點特別的款式。前襟打開還可以當成背心搭配。

布料提供 OKADAYA

18

圓領上衣

How to make　P.78

一般提到襯衫，總是讓人想到正式的角領領片，其實給人柔和印象的圓領襯衫也很好看。為避免太過童稚，選擇襯衫風的直條紋布料，不但可詮釋大人風，又帶點俏皮感。

布料提供　CHECK&STRIPE

19

時尚剪接襯衫

How to make P.32

採用兩種條紋布料拼接而成的剪接襯衫。袖口布縫製也使用
簡單車縫法，請參考其詳細解説後再製作。

布料提供　CHECK&STRIPE

Various arrangements
應用作品

20

褶襴連身裙
How to make P.74

開始製作服裝一段時間後，可以進行應用與變化，試著挑戰褶子設計款式。前後片各兩支褶子，
可突顯優雅的輪廓。後領圍的蝴蝶結設計有種低調感。

21

燈芯絨長版襯衫

How to make　P.76

乍看不適合多層次造型的長版襯衫，其實當作大衣或連身裙更是百搭。
為了避免給人太厚重印象，請選擇明亮鮮豔顏色的布料。

布料提供　CHECK&STRIPE

開始縫製之前

□ 必要的工具

介紹從製作紙型、裁剪、縫製、車縫完成前需要的工具。

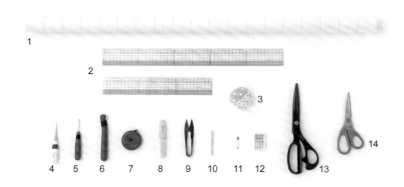

□ 縫製便利的工具

不但讓專家縫製更加順暢，也可以協助初學者車縫出完美作品的工具。

1 描圖紙
描繪原寸紙型用。推薦較透明、便於覆蓋描繪的紙類。也可以選擇便利的方格紙。

2 方格尺
方眼格線在描繪紙型或縫份時很便利，可讓作業流程更加順利。可以簡單描繪45°的正斜紋線。※圖中為50cm和30cm。

3 珠針‧針插
裁剪布料後，疊合布料固定時使用。搭配針插一起使用更為便利。

4 錐子
除了拆除縫線之外，運用在領尖端、下襬邊角、釦眼、口袋位置記號等、車縫時推送布料，都是不可或缺的必備品。

5 割線器
拆除縫線、開釦眼時使用。

6 點線器
主要製作合印記號。搭配布用複寫紙一起使用。

7 捲尺
從尺寸測量、布料用量等，測量弧線也可以使用。

8 消失筆
布料上描繪記號的專用筆。方便描繪直線的粉狀消失筆，最適合初學者。

9 紗剪
裁剪縫線的剪刀。請選擇銳利刀鋒款式，更方便製作。

10 穿繩器
穿入鬆緊帶或繩子的工具。

11 別針
沒有穿繩器時，可代替使用的工具。將鬆緊帶或繩子等穿過別針固定。別針圓形先端，可順利通過穿入口。

12 縫針
依據薄、普通、厚布料，使用的車縫針也不同，請選擇適合的種類。

13 布剪
使用長度23至26cm較適合。請勿裁剪布料之外的素材，容易損傷刀刃。

14 紙剪
裁剪紙型使用。

1 縫份燙尺
摺疊縫份時，直接包夾布料熨燙非常便利。如圖所示，厚紙上附有0.5至1cm的引導線。

2 熱接著雙面襯條
在需要的位置上，布料和布料之間包夾襯條，熨燙使其固定。尤其是長距離車縫，比起珠針，雙面襯條更不容易位移。

3 熱接著尼龍線
熨燙接合用，需暫時疏縫固定時可以使用。細長線狀，對於曲線處斜布條的固定非常有幫助。

4 布條製作器
放進指定寬度的斜布條，一邊熨燙，可以製作出相同寬度的斜布條。

5 磁鐵規尺
可固定於車縫機上的針板，輔助車縫時維持一定的縫份寬度。

□ 布料的處理

購買粗織棉質布或亞麻布時，會發現直布紋或橫布紋的歪斜和不整，洗滌之後也會造成收縮。所以製作前的布料需要先處理（整理布紋）。

▶棉質布或亞麻布時

❶布料浸在水中，使其濕潤。脫水之後陰乾，自然乾燥後一邊整理布紋、整燙壓平。
❷錐子刺進布邊，挑起橫線。從起點到終點挑起橫線拔除。
❸沿著橫線，剪齊直布紋線。

▶羊毛時

❶布料整體噴上水份。
❷將❶的布料放進塑膠袋封起來放一晚。
❸整體還呈現濕潤時熨燙整理。

關於原寸紙型

無需直接剪裁原寸紙型，依照Step1至3順序拿起描圖紙，描繪紙型上想要製作的作品。

□ 如何選擇原寸紙型

Step 1
檢查想要製作作品的紙型號碼

翻開想要製作作品的頁面，記載著裁布圖，上面有製作作品所有的紙型和紙型號碼。

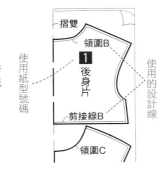

Step 2
檢查設計線

裁布圖記載的紙型，身片的話就有領圍A至C、下襬（剪接線）A至D、袖子為袖口A至C，原寸紙型有各種設計線，標示著使用的部分。

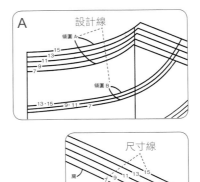

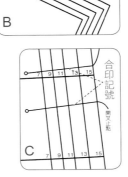

Step 3
確認自己的尺寸

原寸紙型總共7・9・11・13・15號共5種。請參考P.41刊載的尺寸表，來選擇自己的尺寸。

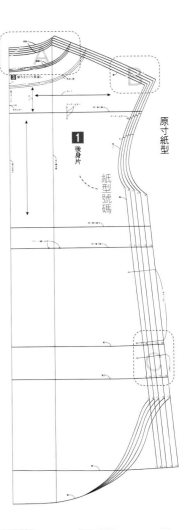

□ 如何描繪原寸紙型
＊使用半透明描圖紙描繪很便利。

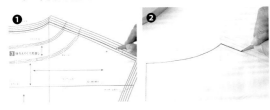

❶ 確認好選擇紙型的方法後，以筆描繪製作作品的設計線，以區別其他設計線。

❷ 原寸紙型上覆蓋描圖紙，描繪步驟❶設計線和合印記號。

□ 紙型縫份製作方法
＊參考裁布圖，加上縫份。

❶ 將方格尺沿著領圍曲線慢慢移動，描繪點狀線。

❷ 連接出漂亮弧線。即使不使用曲線尺也可以製作。

❶ 傾斜的袖下縫份需預留多一點，避免分量不足。袖下、袖口描繪指定的縫份寬度。

❷ 袖口沿完成線摺疊，袖下沿步驟❶的線裁剪。

❸ 完成。身片下襬也依相同要領，摺疊下襬裁剪脇線。

□ 關於紙型的記號線和合印記號

完成線 ──────── 作品最後完成的線條。

摺雙線 ── ── ── 布料對摺後的褶線。

貼邊線 ──ㆍ──ㆍ── 運用貼邊處理布邊的作品上可看見此線條。可描繪紙型上的領圍線條，來製作出貼邊的紙型。

布紋線

布紋方向
布端置於左右時，直向代表直布紋。布料布紋必須對齊紙型布紋線。

※實際使用布料的布紋可能跟紙型標示不同，請參考製作頁面的裁布圖確認。

斜布紋

合印記號

車縫時避免位移的記號標誌，對齊記號線以珠針固定。

褶襉

摺疊布料製作褶子的標誌。詳細方法請參考各作品製作頁面。

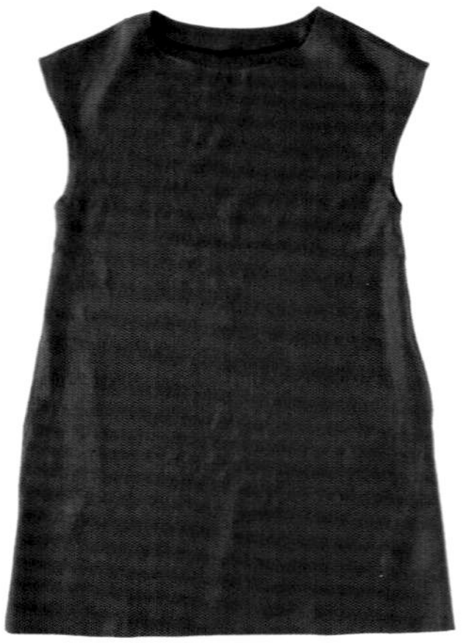

Photo P.4

製作法式包袖長版上衣

製作附縫份的紙型後裁剪（參考P.27）。除了重點外未附記號直接車縫，介紹快速簡單的車縫方法（完美車縫方法請參考P.38）。

材料　布…天使亞麻布（孔雀綠）寬100×220cm
其他…黏著襯 寬90cm×40cm（貼邊份）
止伸襯布條 寬1.5cm約40cm（口袋口份）

衣長　約 84.5cm

＊為了便於解說辨識，選用了顏色明顯的縫線＆布料。

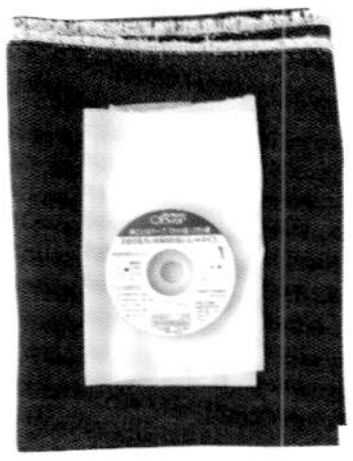

裁剪和縫製前的準備

裁布圖

＊▭ 代表黏著襯、▬代表止伸襯布條。
＊除指定處之外， 縫份皆為1cm。
＊從左至右的數字依序是7・9・11・13・15號，若只有1個數字代表5尺寸共通。

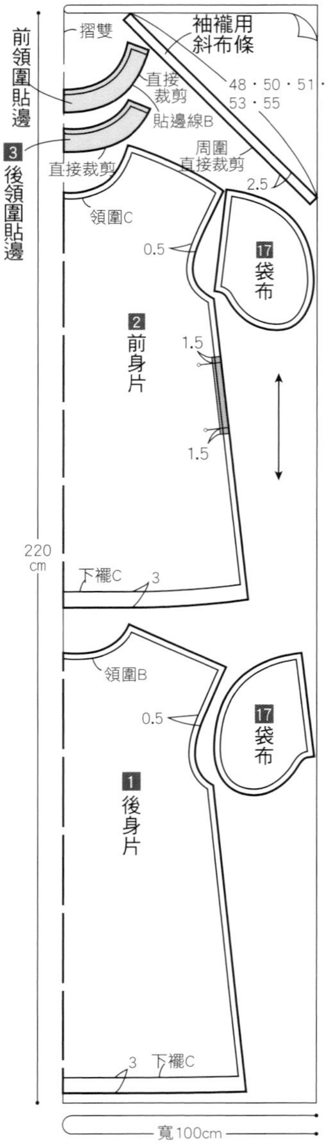

摺雙
前領圍貼邊
袖襱用斜布條
直接裁剪
48・50・51・53・55
貼邊線B
3 後領圍貼邊
直接裁剪
周圍直接裁剪
2.5
領圍C
0.5
17 袋布
2 前身片
1.5
1.5
220cm
下襬C
3
領圍B
0.5
17 袋布
1 後身片
3
下襬C
寬100cm

◎裁剪

參考裁布圖標示的紙型號碼和設計線、縫份寬度，將必要紙型全部描繪至紙上，加上縫份後裁剪。接下來參考裁布圖摺疊布料，放置紙型以珠針固定（或以文鎮固定），前、後身片、前、後貼邊各1片，袋布4片，裁剪斜布條2條。

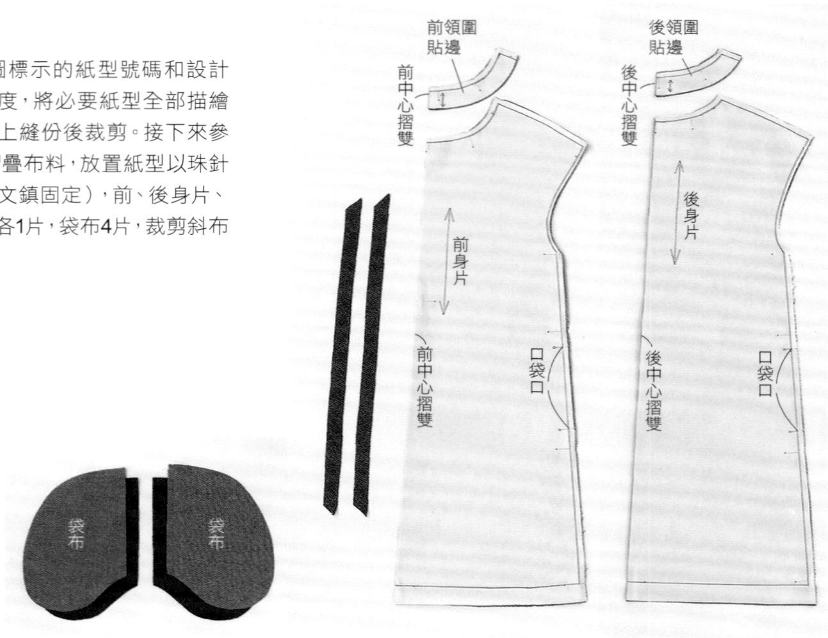

前領圍貼邊
前中心摺雙
後領圍貼邊
後中心摺雙
前身片
後身片
前中心摺雙
後中心摺雙
口袋口
口袋口
袋布
袋布

◎重點記號（三角形牙口）

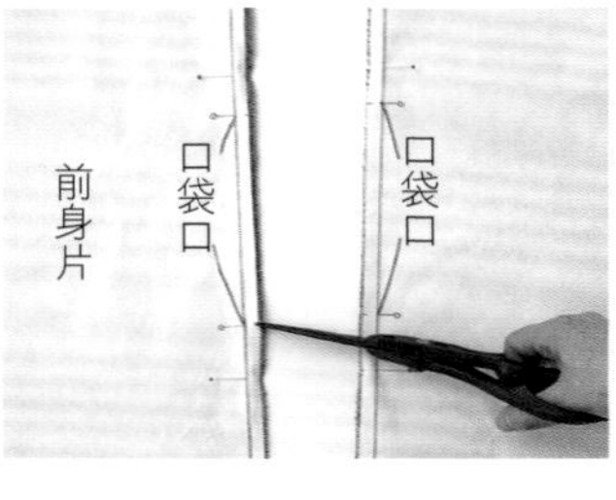

前身片
口袋口
口袋口

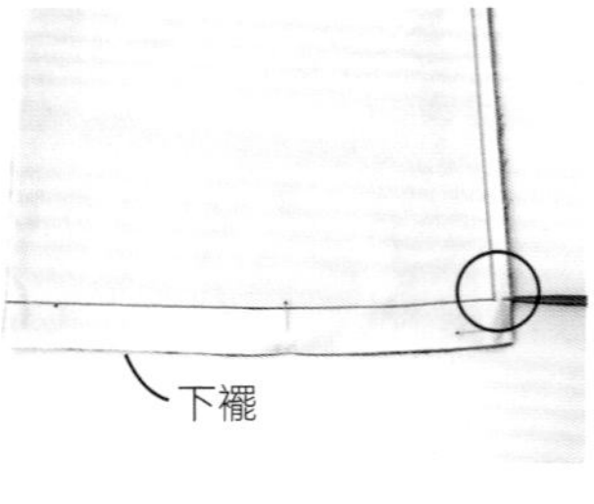

下襬

前、後身片口袋口、下襬（脇邊側）剪0.3cm牙口。

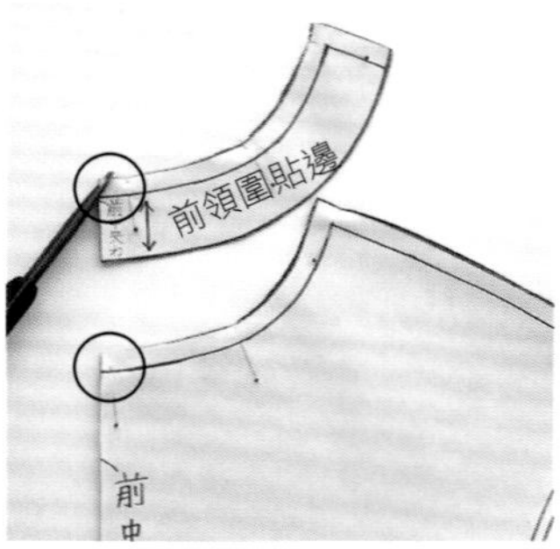

前領圍貼邊
前中

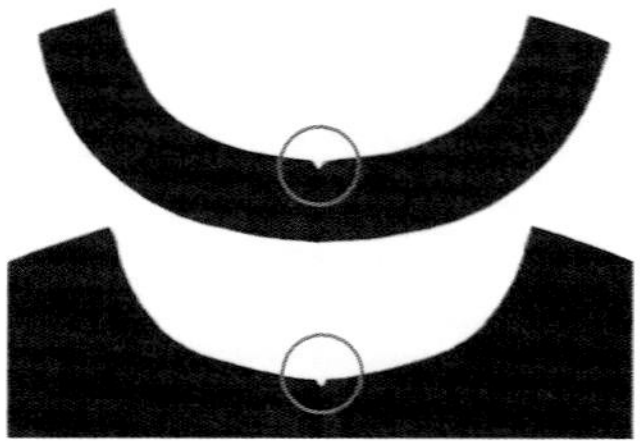

前、後身片中心和前、後貼邊中心對摺後，邊角裁剪三角形牙口（打開後如右圖示）。

◎貼邊的準備

摺雙

1 貼邊貼上黏著襯。黏著襯沒有紙型，重疊前、後貼邊布後裁剪，翻至背面熨燙固定。

2 貼邊外圍進行Z字形車縫。

◎口袋準備

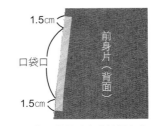

1.5cm

口袋口

前身片（背面）

1.5cm

前身片口袋口縫份貼上止伸襯布條（1.5cm距離處剪牙口）。

◎製作斜布條

參考P.39「斜布條製作方法」，製作2條斜布條。

◎摺疊身片下襬

縫製下襬。在開始車縫作品之前，先行摺疊讓過程更加順利。2cm三摺邊沿著縫份燙尺（參考P.26），首先摺疊3cm，接著往內側摺疊1cm。

車縫方法

1 車縫肩線、身片接縫貼邊

1 前、後身片和前、後貼邊各自正面相對疊合，車縫肩線。

後身片（背面）

前身片（背面）

2 身片縫份2片一起進行Z字形車縫。縫份倒向後側，燙開貼邊。

前貼邊

後貼邊

（背面）

Point

3 身片和貼邊正面相對疊合，前、後中心對齊肩合印記號，以珠針固定。

4 車縫領圍。肩縫份處不需回針縫，直接車縫。車縫一圈回來重疊1.5cm即可。

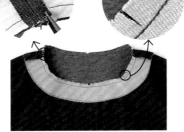

肩

5 避開肩接縫處，領圍縫份約1cm間隔剪牙口（剪至縫線邊緣為止）。

6 縫份熨燙倒向單側。

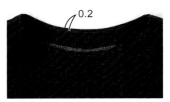

0.2

7 貼邊翻至正面以熨斗熨燙，壓線車縫。請依照步驟4的要領製作即可。

※因為肩部縫份不明顯。

2 車縫袖襱（裡斜布條包捲處理）

1 身片袖襱和斜布條正面相對疊合，以珠針固定。固定時注意斜布條外側稍微拉伸，再加以固定（內側有點波浪狀）。

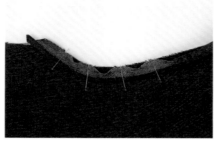

2 展開斜布條，車縫褶線（0.5cm處）。

3 袖襱曲線處縫份剪牙口。

4 燙開縫份，斜布條摺至內側。

5 重疊身片脇邊，裁剪斜布條邊端。

3 車縫脇邊

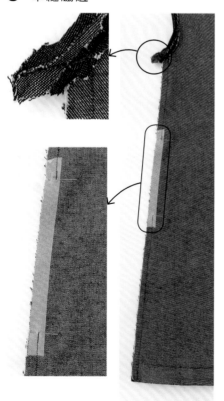

展開斜布條，從斜布條邊端開始車縫，脇邊一起車縫，但預留口袋口不縫。

4 接縫口袋

1 前、後袋布正面相對疊合車縫周圍，縫份2片一起進行Z字形車縫。

2 前身片和前袋布口袋口正面相對疊合，以珠針固定。

3 車縫口袋口。

4 前身片和前袋布口袋口上下縫份（作記號處）剪牙口，燙開縫份熨燙整理。身片脇邊縫份倒向後側。

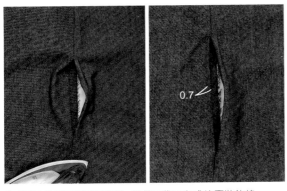

5 翻至正面脇邊熨燙整理。摺疊口袋口完成線壓裝飾線。

6 後身片和後袋布的口袋口正面相對疊合車縫（右邊圖片是中央的圖片翻至背面，從身片側看的狀態）。

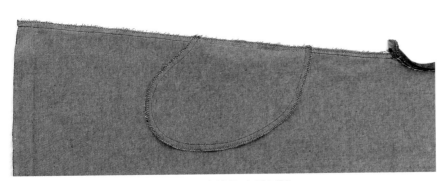

7 脇邊進行Z字形車縫（身片2片一起、口袋3片一起進行Z字形車縫）。

8 翻至正面。為了補強口袋上下側，重複來回車縫3次（跨越脇邊兩側）。

5 車縫完成

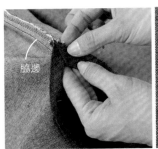

1 袖襱處對齊斜布條邊端三角內摺，以珠針固定壓裝飾線。

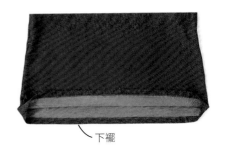

2 下襬三摺邊後熨燙整理，車縫一圈。

3 裁剪貼邊露出的縫份部分。

4 貼邊藏針縫至身片肩線處。

完成！

Photo P.21

製作剪接片設計襯衫

製作縫份紙型裁剪（參考P.27），只標記重點記號直接車縫。介紹簡單輕鬆縫製的方法（完美車縫法請參考P.38）。

材料　A布…棉麻條紋布（藏青底白條紋）寬110×190cm（身片・領台・上領）
　　　B布…條紋布（藍色）寬110×100cm（剪接片・袖子・袖口布）
　　　C布…黏著襯寬90×60cm（表領台・表上領・表袖口份）・寬1cm
　　　黏著雙面襯條・鈕釦寬1.3cm 8個

衣長　約96cm

*為了便於解說辨識，選用了顏色明顯的縫線&布料。

A布　　　　　　　　　　　　　　　　裁布圖

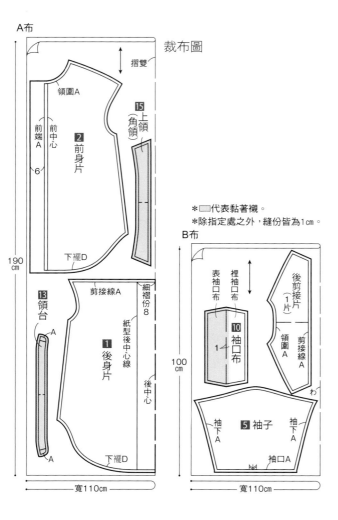

*□代表黏著襯。
*除指定處之外，縫份皆為1cm。

袖口

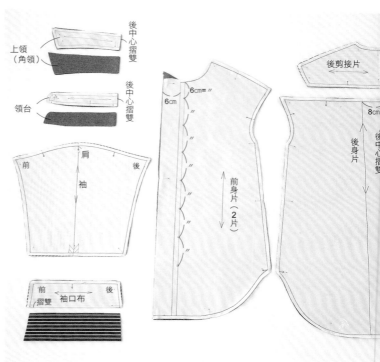

◎裁剪　參考P.28作品裁布圖製作紙型，但從後身片中心延長8cm細褶份。依指定布料裁剪前身片、袖子、袖口布、領台、上領各2片，和後身片、後剪接片各1片。記住前端領圍需多加些縫份。

◎重點記號（三角形牙口）

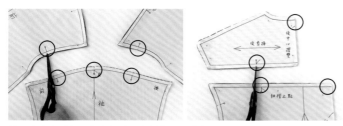

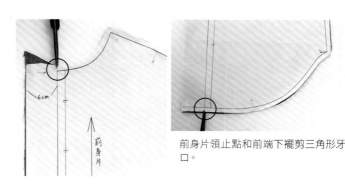

前、後身片、袖子合印記號、後剪接片、後身片細褶止點剪0.3cm牙口，後剪接片、後身片、袖中心對摺後邊角裁剪三角形牙口。

前身片領止點和前端下襬剪三角形牙口。

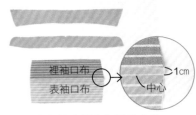
◎貼黏著襯

袖褶襯位置(兩端)。袖口布中心剪牙口。

上領、領台中心對摺邊角剪三角形牙口(圖片為上領)。

領台、上領其表側片均需貼上黏著襯。袖口布2片表側片(一半)貼上黏著襯。從中心1cm上側開始黏貼。

◎前端、下襬車縫方法

使用直尺從前端12cm處作上記號後,往上摺疊6cm。利用縫份燙尺摺疊3cm,三褶邊完成。

曲線下襬量2cm處作上虛線記號,先摺疊1cm,再摺疊0.5cm,三褶邊完成。

◎前端下襬車縫方法

1 已三摺邊的前端展開為二摺邊,和身片正面相對疊合車縫下襬,裁剪邊角縫份。

2 步驟1車縫處放入大拇指,食指摺疊壓住下襬縫份並翻至正面。

3 錐子從前0.5cm處插入,慢慢調整作出漂亮的邊角形狀。

車縫方法

1 車縫前端、下襬

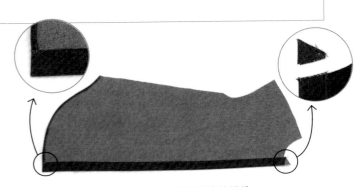

1 前端以雙面黏著襯條固定。首先攤開為二摺邊,熨斗熨燙襯條固定。

2 剝開底紙後摺疊三摺邊,熨燙固定。

3 依前端、下襬順序壓線車縫,裁剪領圍多餘縫份。

2 後身片接縫剪接片

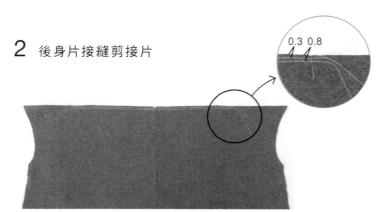

1 後身片縫份約0.4cm左右以粗針目車縫2條（不需回針縫，邊端預留5cm）。

2 身片和剪接片正面相對、依中心、細褶止點、兩端、合印記號順序以珠針固定。

3 各自拉縮粗針目車縫線，製作細褶。合印記號之間均等配置細褶，並以珠針固定。

4 不需拆除車縫線，直接接縫後身片和剪接片。縫份兩片一起進行Z字形車縫。

5 縫份倒向剪接片側，車縫壓線並熨燙整理（輕輕拉住後身片下襬，比較好熨燙）。

3 車縫肩線

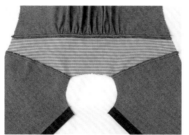

1 前、後身片正面相對疊合車縫肩線。縫份兩片一起進行Z字形車縫。

2 肩縫份倒向後側。

4 製作領子

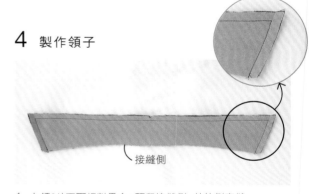

接縫側

1 上領2片正面相對疊合，預留接縫側，其他側車縫。

2 縫份倒向貼黏著襯的表領側。

`Point`

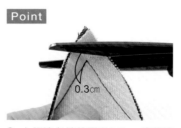

0.3cm

3 上領邊角縫份預留0.3cm後裁剪掉三角形。

4 以指尖壓住邊角縫份，將上領翻至正面，以椎子整理其形狀。

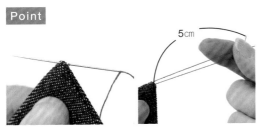

Point

5cm

5　整理好的邊角挑一針，穿過縫線（另一邊角相同處理）。

6　預留接縫側上領壓線車縫。車縫至邊角時勿抬起縫針，直接抬起壓布腳改變布料方向，放下壓布腳，依步驟5縫線進行的方向拉扯再次開始車縫。

7　步驟5車縫邊角完成。有時候縫份太厚、或難車縫的邊角都可以順利完成。

接縫側

表領台

表上領

表領台

裡領台

表上領

8　貼黏著襯的表領台將縫份摺疊至完成線。

9　表領台上側重疊表上領，固定後中心和領圍止點，其間距再以珠針固定。

10　步驟9和裡領台正面相對疊合包夾上領，以珠針重新固定。

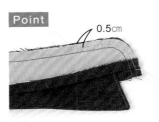

Point

0.5cm

11　摺疊表領台縫份，預留接縫側，車縫領台。

12　為了作出美麗的圓角弧度，領台曲線處各自車縫一條粗針目。

13　抽拉縫線製作細褶，翻至正面熨燙整理（可以製作美麗的圓角）。

5　身片接縫領子

Point

雙面黏著襯條

1　表領台縫份熨燙貼合雙面黏著襯條（更可以漂亮製作）。

2　身片和裡領台正面相對疊合。依兩端、中心、肩順序固定珠針，其間距再固定珠針一次。

3　步驟2車縫的領圍縫份，在其縫線邊緣處每1cm間距剪牙口。

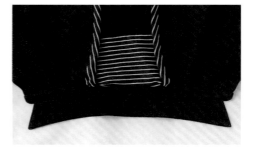

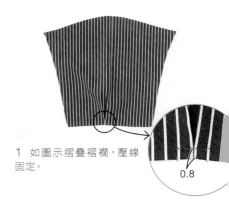

6 身片接縫袖子

4 領台重疊身片，剝除雙面黏著襯條底紙熨燙貼合固定。

5 領台壓線車縫一圈。從肩膀車縫時無需回針縫，車縫完成再重疊2cm即可。

※當接縫處突出時，避免在前端邊緣接縫。

1 如圖示摺疊褶襉，壓線固定。

0.8

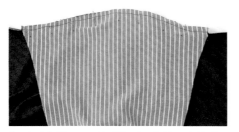

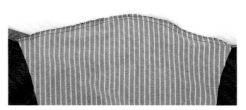

2 身片和袖子正面相對疊合，依袖子止縫點、肩、合印記號順序對齊，以珠針加以固定。

3 車縫袖山、縫份兩片一起進行Z字形車縫。

4 縫份單邊倒向身片側，翻至正面壓線車縫。

7 從袖下車縫至脇邊

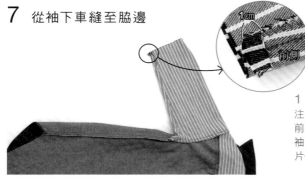

1cm
前側

1 脇邊、袖下各自正面相對疊合車縫，注意袖下需預留1cm不縫。預留1cm的前側縫份剪牙口後燙開縫份，從脇邊到袖子一起進行Z字形車縫（縫份倒向後片側）。

1cm

2 脇邊下襬壓線車縫。

8 袖子接縫袖口布

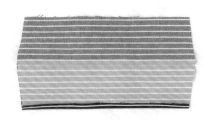

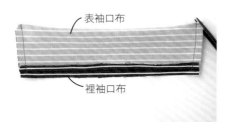

表袖口布

裡袖口布

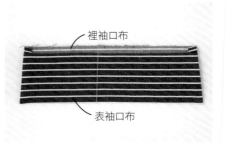

裡袖口布

表袖口布

1 貼上黏著襯的表袖口布側縫份摺疊至完成線。

2 袖口布對摺兩端各自車縫，裁剪邊角多餘縫份。

3 翻至正面熨燙整理。

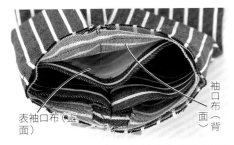

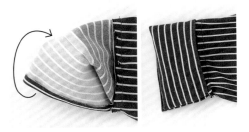

4 袖子（背面）重疊裡袖口布（正面），以珠針固定車縫（可以窺看到袖子內側般，從袖下開始車縫）。

5 從袖口伸手進去拉出袖口布反摺。

6 表袖口布重疊裡袖口布縫線，如圖所示從袖下開始一圈車縫袖口布。

（表袖口布（裡面）

袖口布（背面）

9 車縫完成

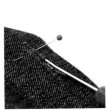

完成！

1 前身片和領台重疊各自的紙型，以錐子在釦眼位置穿孔，作上記號。

2 釦眼縫製完成後，避免超過可別上珠針，以割線器從中心開孔。

3 以步驟2方法製作所有釦眼。

4 左前端縫上釦子。

完美縫製釦子的方法   *釦子專用手縫線1條，車縫線30號2條。

1 製作結點，釦子縫製位置處先挑一針。

2 穿過釦子要插進布料前，以大拇指放在釦子下，決定釦腳的長度。

3 大拇指放在釦子下，底下作出空間縫釦子，才可以保持一定的釦腳長度。

4 穿過釦子2至3次之後，為了補強釦腳包捲縫線數圈。

5 包捲縫線強化釦腳般，縫針需穿過釦腳拉緊，釦腳處打結固定。

6 最後釦腳再插一針，剪掉縫線。

縫製製作解說
特別解說順利製作作品的訣竅、縫製的祕訣等。

□ 下襬線紙型延長的方法

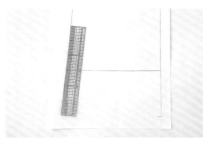

❶ 身片中心、脇線各自以方格尺延長增加的分量。

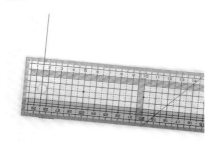

❸ 方格尺描繪尺寸線，記住脇線和下襬線需呈直角描繪。

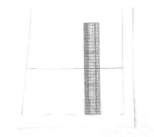

❷ 配合指定的下襬線放上方格尺描繪點狀記號線。

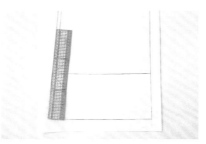

❹ 連接點線之後，下襬線完成。改變長度也是相同方法。可以自由調整想要的尺寸。

□ 細褶、褶襉描繪方法

＊後中心製作的解說，前中心也依相同方法製作。

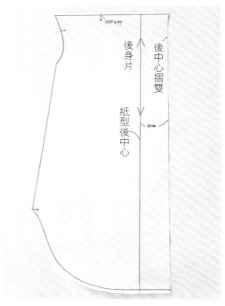

後身片　後中心摺雙　紙型後中心

從紙型後中心線描繪平行指定尺寸線。

□ 沒作記號線的車縫方法
＊習慣使用附縫份紙型和便利的工具後，即使沒有標示完成線，也可以輕鬆完成。

運用縫紉機的針板
車縫機的針板附有刻度，參考刻度便利車縫。

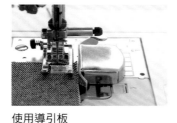

使用導引板
車縫機的針板搭配導引板作為參考依據。可以縫製出一定距離的縫份。

貼上紙膠帶
貼上縫份寬度的紙膠帶，布邊沿著膠帶邊端車縫。

● 車縫的訣竅

手持上線縫線，朝著前進方下拉扯開始車縫，更可以順利縫製。

□ 關於黏著襯

貼邊或是領子、袖口布背面貼上黏著襯，加強形狀的安定、拉鍊或釦眼位置背面黏貼也有補強效果。

▶ 種類

和小物使用的黏著襯比起來，衣物使用的較薄。這本書使用的襯，從天然到合成素材伸縮襯都有。雖然表面看不出來，但請搭配布料顏色，準備黑色和白色襯更加便利。

▶ 黏貼方法

熨斗設定中溫，一邊善用蒸汽一邊熨燙黏合。

※太高溫會破壞布料、有溶化的危險，請注意一定要從正上方按壓，否則容易產生皺褶。

□斜布條製作方法

▶裁剪方法

❶方格尺和布邊呈45°放置（方格尺5cm處和布邊5cm處對合即為45°）。　❷善用方格尺的方格，描繪斜布條需要的平行線（圖片為2.5cm）。　❸沿著線條裁剪布料。

▶接縫方法

❶斜布紋裁剪的兩布片接縫。　❷織帶正面相對疊合，於0.5cm寬處車縫。　❸燙開縫份，裁剪多餘縫份。

▶製作方法

使用捲邊器時

熨燙定型的情況

❶如圖所示將斜布條插進捲邊器。　❷一邊拉出布條，一邊熨燙定型。　　將手指壓在布條上，以熨斗熨燙下側二摺邊。

□滾邊作法　＊斜布條滾邊部分不需附縫份，直接包夾斜布條車縫。

❶縫製位置和布條褶線正面相對疊合，稍稍拉緊對齊車縫。
　※如圖所示前側布條有點浮起來的感覺。
❷布條翻至正面，熨燙整理避免看到步驟❶縫線。
　※以熱接著尼龍線（請參考P.26）暫時固定，完成後會更加美觀。
❸從表側布條邊端車縫。

□細褶製作、車縫方法　▶身片和下襬荷葉邊接縫　＊如果細褶長度過長，可分兩邊進行製作。

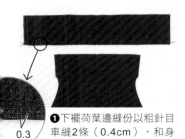

0.3

❶下襬荷葉邊縫份以粗針目車縫2條（0.4cm），和身片正面相對疊合。　❷首先製作從中心至右邊部分。從右邊至中心以珠針固定。再製作左半邊。　❸拉緊步驟❶的縫線，慢慢製作細褶，珠針和珠針之間均等分布。　❹完成之後，調整整體細褶比例，接縫身片（步驟❶縫線無需拆除）。

□V領貼邊製作方法

❶各自車縫身片和貼邊肩線，縫份倒向身片後側，燙開貼邊。

❷身片和貼邊正面相對疊合，前、後中心和肩合印記號對齊，以珠針固定，車縫領圍一圈。

❸後領圍每間隔1cm剪牙口。

❹前中心V角縫份也須剪深牙口（注意不要剪到縫線）。

❺熨燙縫份，單側倒向外側。

❻翻至正面熨斗熨燙整理，壓線車縫。貼邊邊端以藏針縫固定至肩縫份處。

□釦環製作方法　＊釦環寬度為釦子寬度+0.3cm厚度，使用30號縫線。

釦環縫製位置

右後身片（正面）

❶釦環縫製位置下側刺上珠針。

（背面）

釦環縫製位置

❷縫線打結的縫針插進縫份之間，從釦環縫製位置上側穿出。

（正面）

❸步驟❶的位置再挑一針。

約0.3cm

❹接著步驟❷的位置也挑一針。

❺縫針穿過縫線。

❻縫針尖端繞過縫線拉出後，拉緊縫線。

❼同步驟❻縫針尖端繞過縫線拉出。

❽縫線端以小指輕輕壓住後拉緊。

❾至邊端為止，重複步驟❺·❻之後，到步驟❶前側插進2針從內側拉出。

❿打結固定之後，縫針從釦環邊端經過縫份，從領子接縫線拉出。縫線塞進內側隱藏打結處。裁剪線端。

⓫完成。比起使用身片布製作包夾的釦環，更為簡單。

見返し線 A

見返し線 B

肩

2
前身頃

Yoshiko Tsukiori
Arrange wear

作品製作方法
這本書是由7·9·11·13·15號製作。請參考下記胸圍尺寸選擇。

袖ぐり

參考尺寸圖
單位＝cm

	7號	9號	11號	13號	15號
胸圍	78	83	88	93	98
腰圍	59	64	69	74	80
臀圍	86	90	94	98	104
身長	160	160	160	160	160

＊穿著內衣所測量的尺寸。

關於製作方法的堅持
＊布料的尺寸、材料等，單一數字代表5種尺寸共通。
＊需將紙型全部放置在布料上確認後，再行裁剪。

脇

作品11ひもつけ位置

作品10ひもつけ位置

切り替え線 B

41

□**材料**

　布料…羊毛布（鐵灰色+橘色小圓點）寬145cm×230cm　※刺繡圖案寬度135cm

　黏著襯…寬90cm×20cm（貼邊份）

　止伸襯布條…寬1.5cm約40cm（口袋份）

□**身長**　約99cm

□**製作方法**

【縫製前準備】

・前後身片紙型C線延長15cm。

・貼邊背面貼上黏著襯，前身片背面口袋口貼上
　止伸襯布條。

・貼邊邊端、身片肩線、脇邊進行Z字形車縫。

1　身片和貼邊肩線各自車縫（參考P.29）。

2　身片接縫貼邊（參考P.29）。

3　袖襱以裡斜布條滾邊。

4　車縫脇邊。

5　身片接縫口袋。

6　袖襱壓線車縫。

7　身片下襬三褶邊車縫（參考P.31）。

裁布圖

＊□代表黏著襯，□代表止伸襯布條。

＊除指定處之外，縫份皆為1cm。

＊並排數字依序是7・9・11・13・15號。1個數字代表5尺寸共通。

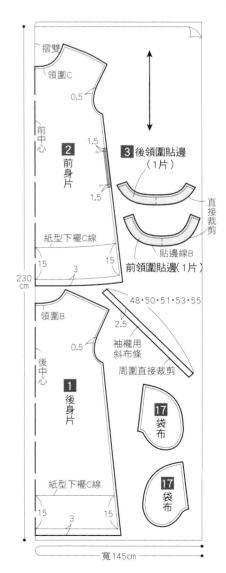

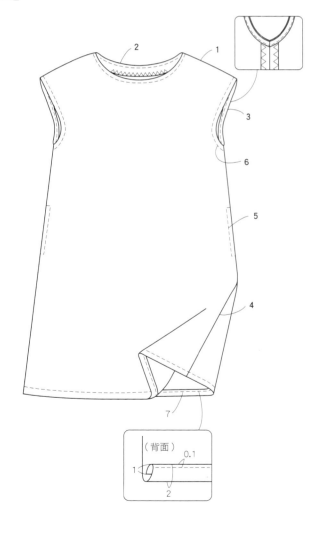

5

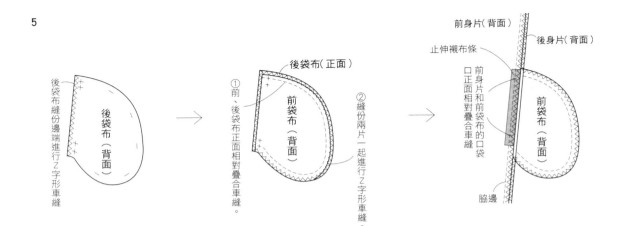

後袋布縫份邊端進行Z字形車縫

後袋布（背面）

①前、後袋布正面相對疊合車縫。

後袋布（正面）

前袋布（背面）

②縫份兩片一起進行Z字形車縫。

前身片（背面）　　後身片（背面）

止伸襯布條

前身片和前袋布的口袋口正面相對疊合車縫

前袋布（背面）

脇邊

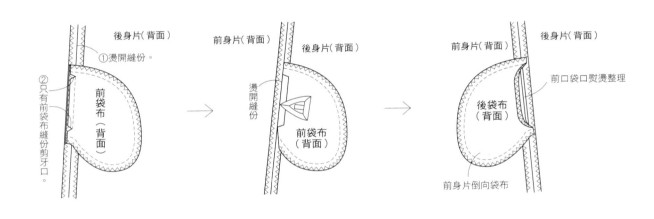

後身片（背面）

①燙開縫份。

②只有前袋布縫份剪牙口。

前袋布（背面）

前身片（背面）　　後身片（背面）

燙開縫份

前袋布（背面）

前身片（背面）　　後身片（背面）

前口袋口熨燙整理

後袋布（背面）

前身片倒向袋布

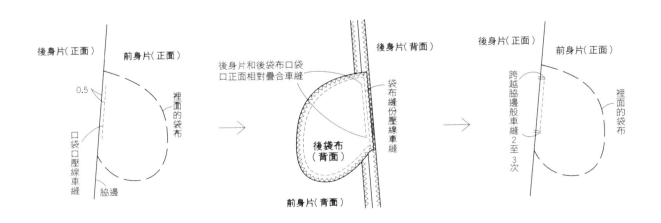

後身片（正面）　　前身片（正面）

0.5

裡面的袋布

口袋口壓線車縫

脇邊

後身片和後袋布口袋口正面相對疊合車縫

後身片（背面）

袋布縫份壓線車縫

後袋布（背面）

前身片（背面）

後身片（正面）　　前身片（正面）

跨越脇邊般車縫2至3次

裡面的袋布

□材料
　布料…LIBERTY印花布Tana Lawn Lodden（FE色）寬110cm×290cm
　黏著襯…寬90cm×20cm（貼邊份）

□身長　約99cm

□製作方法
【縫製前準備】
・前後身片紙型C線延長15cm。
・貼邊背面貼上黏著襯。
・貼邊邊端進行Z字形車縫。

1　身片和貼邊肩線車縫（參考P.29）。
2　身片接縫貼邊（參考P.29）。
3　製作荷葉邊、接縫前身片。
4　身片接縫袖子。
5　從袖下車縫至脇邊。
6　袖口三摺邊車縫。
7　下襬三摺邊車縫（參考P.31）。

裁布圖

＊□代表黏著襯。
＊除指定處之外，縫份皆為1cm。

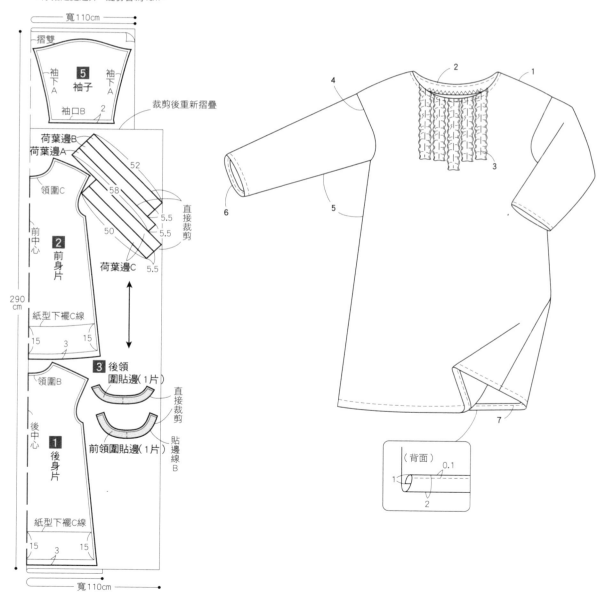

3

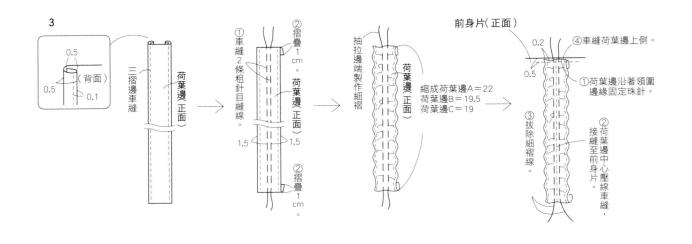

0.5
（背面）
0.5   0.1

三摺邊車縫

荷葉邊（正面）

①車縫2條粗針目縫線。

②摺疊1cm。
荷葉邊（正面）
②摺疊1cm。
1.5   1.5

抽拉邊端製作細褶
荷葉邊（正面）

縮成荷葉邊A＝22
荷葉邊B＝19.5
荷葉邊C＝19

前身片（正面）
0.2
0.5
④車縫荷葉邊上側。
①荷葉邊沿著領圍邊緣固定珠針。
荷葉邊（正面）
③拔除細褶線。
②荷葉邊中心接縫至前身片。
荷葉邊中心壓線車縫，

荷葉邊縫製位置

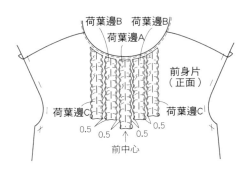

荷葉邊B　荷葉邊B
荷葉邊A
前身片（正面）
荷葉邊C　　荷葉邊C
0.5　0.5　0.5　0.5
前中心

4

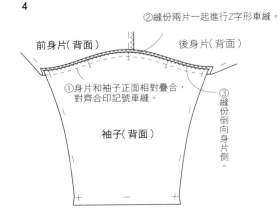

②縫份兩片一起進行Z字形車縫。
前身片（背面）　　　後身片（背面）
①身片和袖子正面相對疊合，對齊合印記號車縫。
③縫份倒向身片側。
袖子（背面）

5

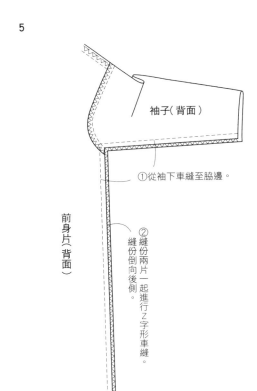

袖子（背面）

①從袖下車縫至脇邊。

前身片（背面）

②縫份兩片一起進行Z字形車縫。縫份倒向後側。

6

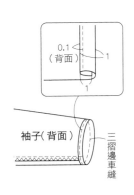

0.1
（背面）
1
1

袖子（背面）

三摺邊車縫

□材料
　布料…LIBERTY印花布Tana Lawn Edenham（PE色）寬110cm×180cm

□身長　約54cm

□製作方法
【縫製前準備】
・描繪下襬荷葉邊，製作紙型。

1　下襬荷葉邊抽拉細褶，接縫身片（參考 P.39）。
2　車縫身片肩線（參考P.29）。

3　領圍裡斜布條滾邊。
4　身片接縫袖子（參考P.45）、正面壓線車縫。
5　從袖下車縫至脇邊（參考P.45）。
6　袖口三摺邊車縫。
7　荷葉邊下襬三摺邊車縫。

裁布圖
＊除指定處之外，縫份皆為1cm。
＊並排數字依序是7・9・11・13・15號。
1個數字代表5尺寸共通。

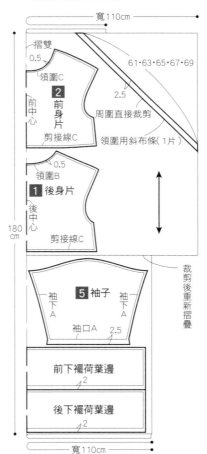

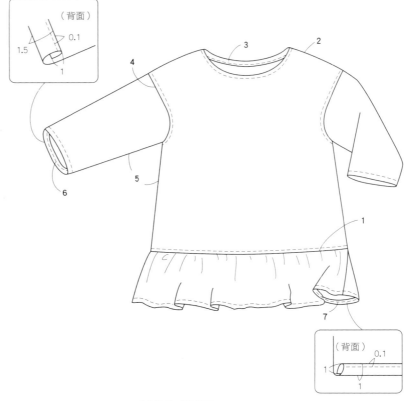

下襬荷葉邊製圖
＊5個並排數字依序是7・9・11・13・15號。
1個數字代表5尺寸共通。

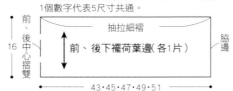

1

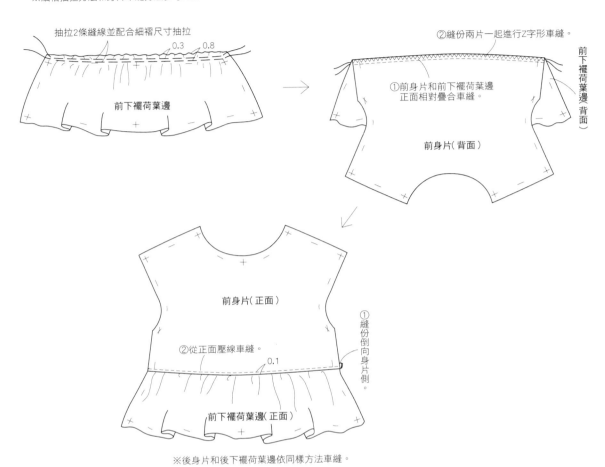

※細褶抽拉方法和身片車縫方法參考P.39。

抽拉2條縫線並配合細褶尺寸抽拉

0.3　0.8

前下襬荷葉邊

②縫份兩片一起進行Z字形車縫。

①前身片和前下襬荷葉邊
正面相對疊合車縫。

前身片（背面）

前下襬荷葉邊（背面）

前身片（正面）

②從正面壓線車縫。

0.1

①縫份倒向身片側。

前下襬荷葉邊（正面）

※後身片和後下襬荷葉邊依同樣方法車縫。

3

斜布條（背面）

摺疊1cm

斜布條（背面）

裁剪多餘的縫份、
重疊1cm

0.5　1　左肩

後身片（正面）

斜布條（背面）

0.5

①製作斜布條（參考P.39）。

②車縫。

③剪牙口。

前身片（正面）

後身片（背面）

0.1

斜布條（正面）

前身片（背面）

斜布條翻至內側壓線

□材料
　表布…星星圖案棉麻布（灰粉色）寬110cm×240cm　※印花布圖案寬度105cm

□身長　約58.5cm

□製作方法
【縫製前準備】
・前身片前中心線平行5cm細褶份。

1　前身片抽拉細褶。
2　車縫身片肩線（參考P.29）。

3　車縫領圍斜布條。
4　袖子抽拉細褶，接縫身片。
5　從袖下車縫至脇邊（參考P.45）。
6　袖口三摺邊車縫，穿過鬆緊帶。
7　下襬三摺邊車縫（參考P.31）。

裁布圖
＊除指定處之外，縫份皆為1cm。
＊並排數字依序是7・9・11・13・15號。
　1個數字5尺寸共同。

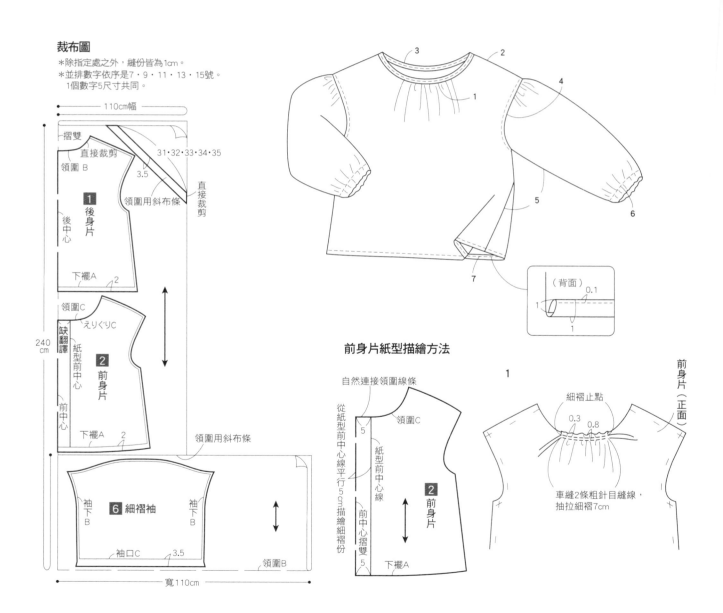

110cm幅

摺雙
直接裁剪
領圍 B
31・32・33・34・35
3.5
領圍用斜布條
直接裁剪

1　後身片
後中心
下襬A　2

240 cm

領圍C
えりぐりC
缺翻譯
紙型前中心
2　前身片
前中心
下襬A　2
領圍用斜布條

6　細褶袖
袖下B　　袖下B
袖口C　3.5

寬110cm

領圍B

前身片紙型描繪方法

自然連接領圍線條
從紙型前中心線平行5cm描繪細褶份
領圍C
5
紙型前中心線
2　前身片
前中心摺雙
下襬A
5

1

細褶止點
0.3　0.8
車縫2條粗針目縫線，
抽拉細褶7cm

前身片（正面）

（背面）
0.1
1
1

3

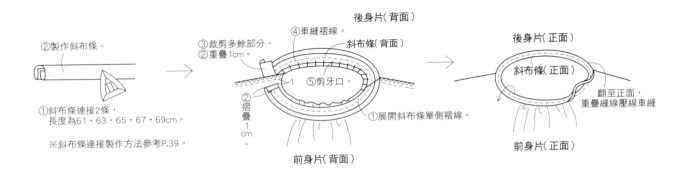

②製作斜布條。

①斜布條連接2條，
長度為61・63・65・67・69cm。

※斜布條連接製作方法參考P.39。

③裁剪多餘部分。
②重疊1cm。

④車縫褶線
斜布條(背面)
後身片(背面)
⑤剪牙口。
①展開斜布條單側褶線。
②摺疊1cm。

後身片(正面)
斜布條(正面)
翻至正面，
重疊縫線壓線車縫
前身片(正面)

4

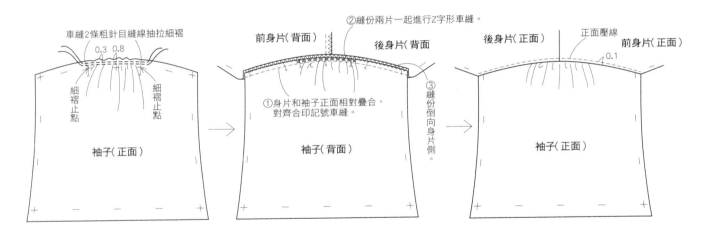

車縫2條粗針目縫線抽拉細褶
0.3　0.8
細褶止點　細褶止點
袖子(正面)

②縫份兩片一起進行Z字形車縫。
前身片(背面)
後身片(背面)
①身片和袖子正面相對疊合，對齊合印記號車縫。
③縫份倒向身片側。
袖子(背面)

後身片(正面)
正面壓線
前身片(正面)
0.1
袖子(正面)

5

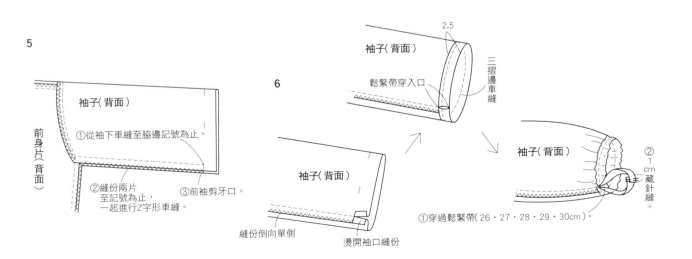

袖子(背面)
前身片(背面)
①從袖下車縫至脇邊記號為止。
②縫份兩片至記號為止，一起進行Z字形車縫。
③前袖剪牙口。

6

袖子(背面)
2.5
鬆緊帶穿入口
三摺邊車縫

袖子(背面)
縫份倒向單側
燙開袖口縫份

袖子(背面)
①穿過鬆緊帶(26・27・28・29・30cm)。
②1cm藏針縫

□**材料**
　表布…亞麻灰色格紋布（4）寬120cm×330cm
　黏著襯…寬90cm×30cm（貼邊份）
　止伸襯布條…寬1.5cm約40cm（口袋份）
　鬆緊帶…寬2cm7號52cm・ 9號54 cm ・11號56 cm・13號58 cm・15號60 cm

□**身長**　約104cm

□**製作方法**
　【縫製前準備】
　・前後身片紙型C線延長15cm。
　・貼邊背面貼上黏著襯，前身片背面口袋口貼上
　　止伸襯布條。
　・貼邊邊端進行Z字形車縫。

1　身片和貼邊肩線各自車縫（參考P.29）。
2　身片接縫貼邊（參考P.29）。
3　身片接縫口袋（參考P.30）。
4　袖子抽拉細褶，接縫身片（參考P.49）。
5　從袖下車縫至脇邊（參考P.45）。
6　袖口三摺邊車縫，穿過鬆緊帶（參考P.49）。
7　下襬三摺邊車縫（參考P.31）。

裁布圖
　＊□ 代表黏著襯
　　▨ 代表止伸襯布條。
　＊除指定處之外，縫份皆為1cm。

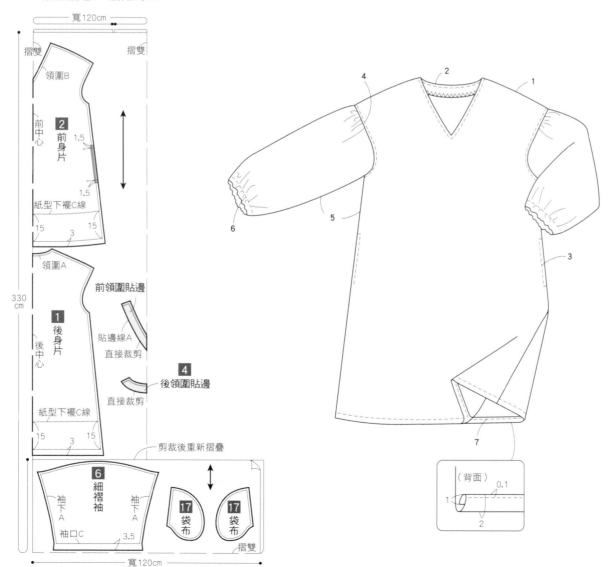

□材料
表布…羊毛針織布（紫色）寬140×160cm
※使用針織布專用車縫針，縫線也使用伸縮性的針織布專用車縫線。

□身長　約65.5cm

□製作方法
1　車縫身片肩線（參考P.29）。
2　身片領圍二摺邊，進行Z字形車縫。
3　身片接縫袖子（參考P.45）。
4　從袖下車縫至脇邊（參考P.45）。
5　袖口二摺邊，進行Z字形車縫。
6　下襬二摺邊，進行Z字形車縫。
7　前端二摺邊，進行Z字形車縫。

裁布圖

＊除指定處之外，縫份皆為1cm。

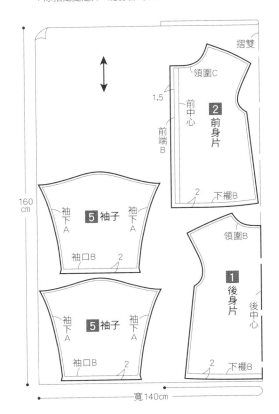

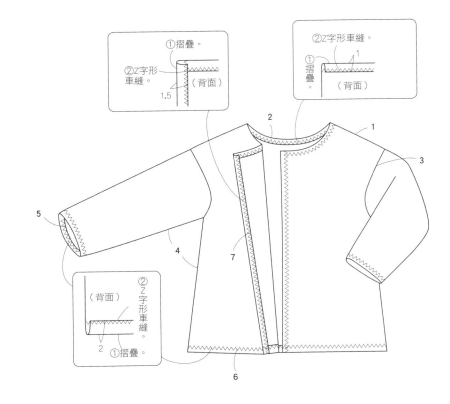

□材料
　表布…丹寧布 寬112cm×290cm
　黏著襯…寬90cm×30cm（貼邊份）
　止伸襯布條…寬1.5cm×約40cm（口袋口份）

□身長　約104cm

□製作方法
【縫製前準備】
・前後身片紙型C線延長15cm。
・貼邊背面貼上黏著襯，前身片背面口袋口貼上
　止伸襯布條。
・貼邊邊端進行Z字形車縫。

1　身片和貼邊肩線各自車縫（參考P.29）。
2　身片接縫貼邊（參考P.29）。
3　車縫脇邊。
4　身片接縫口袋（參考P.30）。
5　袖下、袖口三摺邊車縫。
6　身片接縫袖子。
7　下襬三摺邊車縫（參考P.31）。

裁布圖
＊□ 代表黏著襯　■ 代表止伸襯布條。
＊除指定處之外，縫份皆為1cm。

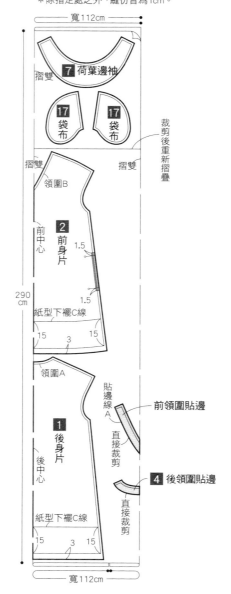

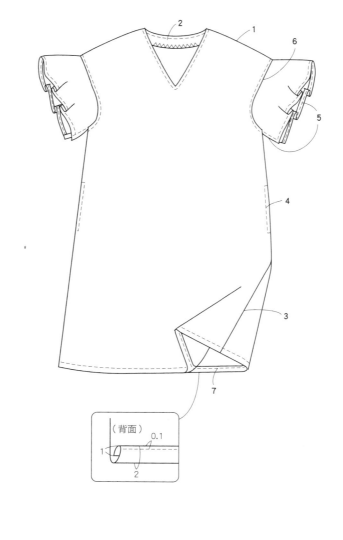

3・4

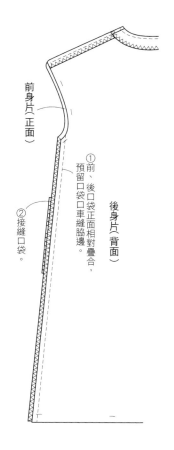

前身片（正面）

後身片（背面）

① 前、後口袋正面相對疊合，預留口袋口車縫脇邊。

② 接縫口袋。

5

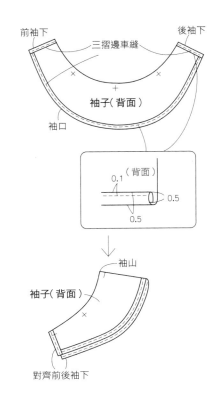

前袖下　　三摺邊車縫　　後袖下

袖子（背面）

袖口

（背面）
0.1
0.5
0.5

袖山

袖子（背面）

對齊前後袖下

6

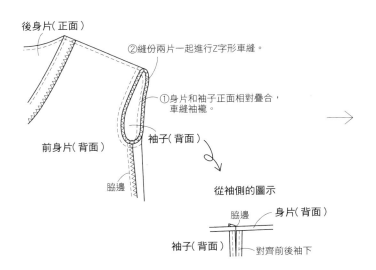

後身片（正面）

② 縫份兩片一起進行Z字形車縫。

① 身片和袖子正面相對疊合，車縫袖襱。

前身片（背面）

袖子（背面）

脇邊

從袖側的圖示

脇邊　　身片（背面）

袖子（背面）　　對齊前後袖下

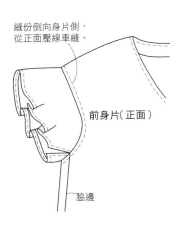

縫份倒向身片側，從正面壓線車縫。

前身片（正面）

脇邊

□**材料**
　表布…寬幅棉質丹寧布 寬145cm×230cm
　黏著襯…寬90cm×10cm（貼邊份）

□**身長**　約約104cm

□**製作方法**
【縫製前準備】
・前身片領圍延伸至前端A處。
・前後身片紙型C線延長15cm。
・後領圍貼邊背面貼上黏著襯。
・後領圍貼邊邊端、身片肩線、脇邊進行Z字形車縫。

1　製作口袋、接縫至身片。
2　前領圍三摺邊車縫。

1　車縫身片肩線。
2　後身片接縫後領圍貼邊。
3　身片接縫袖子（參考P.59）。
4　下襬三摺邊車縫（參考P.31）。
5　從袖下車縫至脇邊，開叉三摺邊車縫。
6　袖口三摺邊車縫。
7　前端三摺邊車縫。

裁布圖

＊代表黏著襯。
＊除指定處之外，縫份皆為1cm。

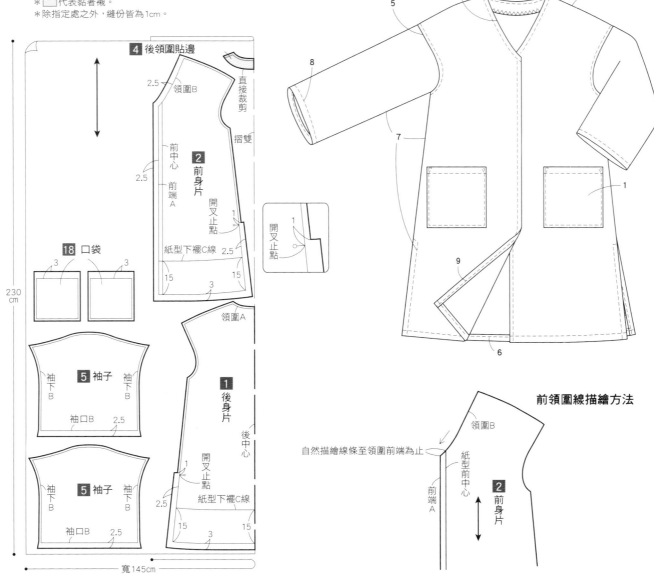

前領圍線描繪方法

1

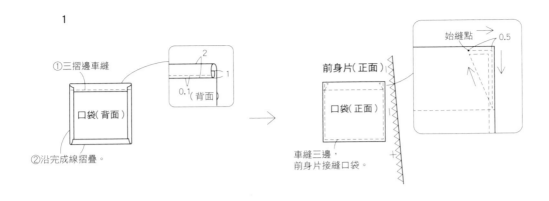

①三摺邊車縫

2

1

0.1（背面）

口袋（背面）

②沿完成線摺疊。

前身片（正面）

口袋（正面）

車縫三邊，
前身片接縫口袋。

始縫點

0.5

2

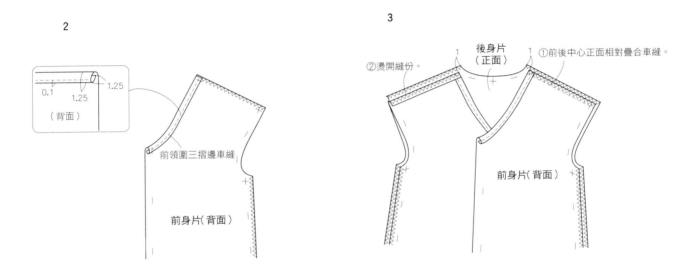

0.1

1.25

1.25

（背面）

前領圍三摺邊車縫

前身片（背面）

3

後身片
（正面）

②燙開縫份。

1

①前後中心正面相對疊合車縫。

前身片（背面）

4

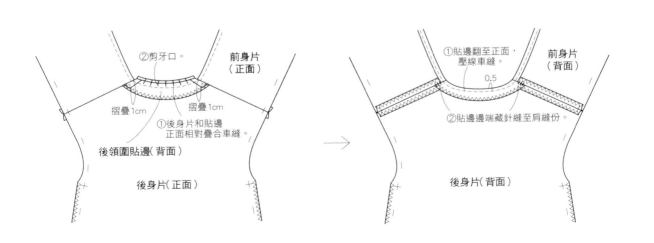

②剪牙口。

前身片
（正面）

摺疊1cm

摺疊1cm

①後身片和貼邊
正面相對疊合車縫。

後領圍貼邊（背面）

後身片（正面）

①貼邊翻至正面，
壓線車縫。

前身片
（背面）

0.5

②貼邊邊端藏針縫至肩縫份。

後身片（背面）

6・7

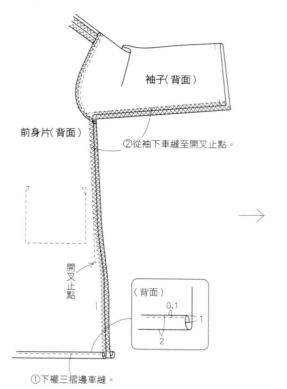

袖子（背面）

前身片（背面）

②從袖下車縫至開叉止點。

開叉止點

（背面）

0.1

1

2

①下襬三摺邊車縫。

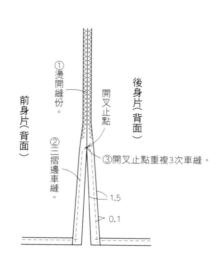

①燙開縫份。

後身片（背面）

前身片（背面）

開叉止點

②三摺邊車縫。

③開叉止點重複3次車縫。

1.5

0.1

8

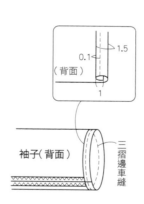

0.1

1.5

（背面）

1

袖子（背面）

三摺邊車縫

9

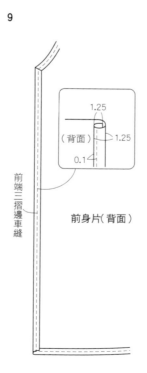

1.25

（背面）

1.25

0.1

前端三摺邊車縫

前身片（背面）

□材料
　表布…亞麻artisan（藏青色）寬110cm×350cm
　黏著襯…寬90cm×10cm（貼邊份）

□身長　約104cm

□製作方法
【縫製前準備】
・從前身片紙型中心線平行延長14cm。
・描繪前端線，自然修順領圍線。
・下襬從下襬C線平行延長15cm。
・後領圍貼邊背面貼上黏著襯。
・後領圍貼邊邊端進行Z字形車縫。

1　製作口袋‧接縫至身片（參考P.55）。
2　前領圍三摺邊車縫。

3　車縫身片肩線。
4　後身片接縫後領圍貼邊。
5　身片接縫袖子。
6　製作綁繩。
7　包夾綁繩，從袖下車縫至脇邊。
8　袖口三摺邊車縫。
9　身片下襬三摺邊車縫（參考P.56）。
10　包夾綁繩，前端三摺邊車縫。

裁布圖
＊□代表黏著襯。
＊除指定處之外，縫份皆為1cm。

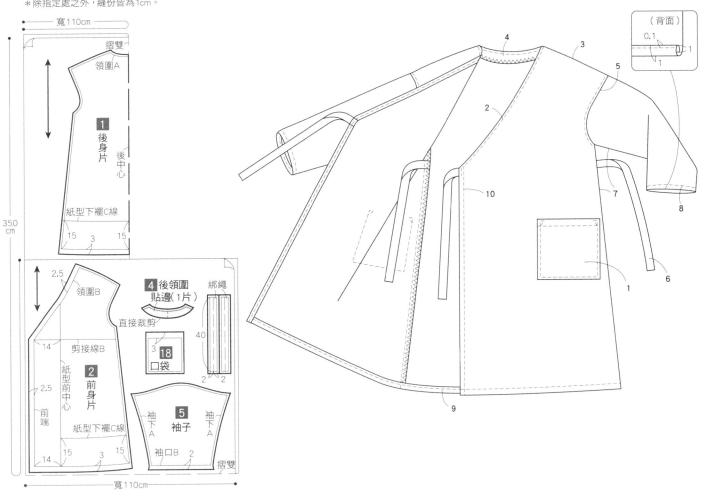

57

前身片紙型描繪方法

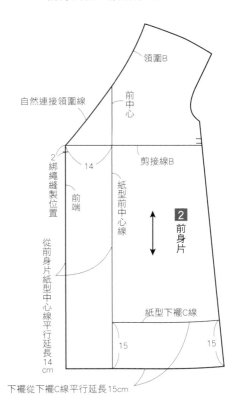

領圍B

自然連接領圍線

前中心

2綁繩縫製位置

前端

14

剪接線B

紙型前中心線

2 前身片

從前身片紙型中心線平行延長14cm

紙型下襬C線

15   15

下襬從下襬C線平行延長15cm

2

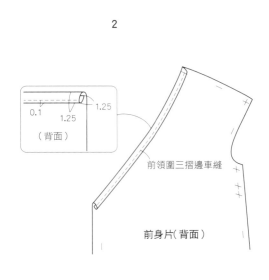

（背面）

0.1   1.25

1.25

前領圍三摺邊車縫

前身片（背面）

3

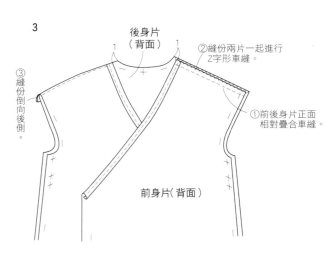

後身片（背面）

1   1

②縫份兩片一起進行Z字形車縫。

③縫份倒向後側。

①前後身片正面相對疊合車縫。

前身片（背面）

4

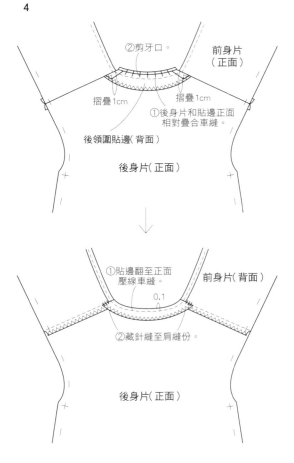

②剪牙口。

前身片（正面）

摺疊1cm   摺疊1cm

①後身片和貼邊正面相對疊合車縫。

後領圍貼邊（背面）

後身片（正面）

①貼邊翻至正面壓線車縫。

0.1

②藏針縫至肩縫份。

前身片（背面）

後身片（正面）

5

②縫份兩片一起進行Z字形車縫。

前身片(背面)　　　後身片(背面)

①身片和袖子正面相對疊合，對齊合印記號車縫。

袖子(背面)

③縫份倒向身片側。

後身片(正面)　　前身片(正面)

0.1

從正面壓線車縫

袖子(正面)

6

①二摺邊。　　綁繩(背面)

②車縫。

綁繩(正面)

翻至正面

2

※製作四條。

7

袖子(背面)

②縫份兩片一起進行Z字形車縫，縫份倒向後側。

①前後身片正面相對疊合，包夾綁繩從袖下車縫至脇邊。

包夾綁繩

左脇

左前身片(背面)

袖子(正面)

綁繩(正面)

右脇

①前後身片正面相對疊合，重疊綁繩從袖下車縫至脇邊。

②縫份兩片一起進行Z字形車縫，縫份倒向後側。

右前身片(背面)

10

前端對齊綁繩。

綁繩(正面)

前端

前身片(背面)

綁繩(正面)

前端三摺邊車縫

1.25

0.1

1.25

前身片(背面)

車縫固定

綁繩反摺至前端側

綁繩背面

前身片背面

□材料
　表布…柔軟亞麻布（煙灰粉色）寬110cm×220cm
　黏著襯…寬90cm×10cm（貼邊份）

□身長　約58cm

□製作方法
〔縫製前準備〕
・描繪下襬荷葉邊製圖，製作紙型。
・從前身片紙型中心線平行延長剪接線14cm，自然修順領圍連接前端線。
・後領圍貼邊背面貼上黏著襯。
・後領圍貼邊端進行Z字形車縫。

1　前領圍三摺邊車縫。
2　車縫身片肩線（參考P.58）。

3　後身片接縫後領圍貼邊（參考P.58）。
4　身片接縫袖子（參考P.49）。
5　製作綁繩（參考P.59）。
6　包夾綁繩，從袖下車縫至脇邊（參考P.59）。
7　袖口三摺邊車縫（參考P.45）。
8　下襬荷葉邊脇邊車縫。
9　下襬荷葉邊三摺邊車縫，抽拉細褶。
10　下襬荷葉邊前端包夾綁繩，三摺邊車縫。
11　身片接縫下襬荷葉邊。

裁布圖
＊▨ 代表黏著襯。
＊除指定處之外，縫份皆為1cm。

前身片紙型描繪方法

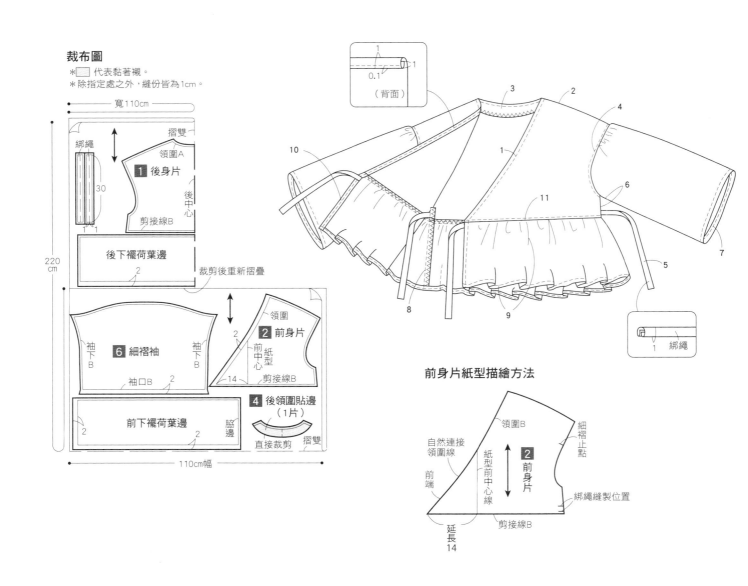

下襬荷葉邊製圖

＊並排數字依序是7・9・11・13・15號。1個數字代表5尺寸共通。

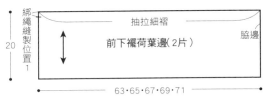

綁繩縫製位置1

20

抽拉細褶

前下襬荷葉邊（2片）

脇邊

63・65・67・69・71

抽拉細褶

後下襬荷葉邊（1片）

後中心摺雙

20

42・44・46・48・50

8

前下襬荷葉邊（正面）

後下襬荷葉邊（背面）

③縫份倒向後側。

①前後下襬荷葉邊各自正面相對疊合，車縫脇邊。

②縫份兩片一起進行Z字形車縫。

9

②粗針目車縫2條，配合尺寸抽拉細褶。

後下襬荷葉邊（背面）　前下襬荷葉邊（背面）

0.3　0.8

前下襬荷葉邊（正面）

①下襬三摺邊車縫。

（背面）

0.1
1
1

10

前端三摺邊車縫，包夾綁繩，

綁繩（正面）

1

車縫固定

綁繩（背面）

前下襬荷葉邊（背面）

0.1

前下襬荷葉邊（背面）

綁繩（正面）

11

②縫份兩片一起進行Z字形車縫。

①身片和下襬荷葉邊正面相對疊合車縫。

前身片（背面）

前下襬荷葉邊（正面）

前身片（正面）

①縫份倒向身片側。

②從正面壓線車縫。0.1

前下襬荷葉邊（正面）

□ **材料**
　表布…絲質磨毛化纖布（煙灰粉色）寬112cm×190cm

□ **身長**　約89cm

□ **製作方法**
【縫製前準備】
・從後身片紙型後中心線平行8cm細褶份。
・前身片前中心、脇邊進行Z字形車縫（參考P.63 的4）。

1　後身片抽拉細褶，接縫後剪接片（參考 P.34）。

2　車縫身片肩線（參考P.34）。
3　身片領圍車縫斜布條。
4　身片前中心車縫至開叉止點，開叉三摺邊車縫。
5　下襬三摺邊車縫。
6　袖襱壓線車縫斜布條。
7　車縫脇邊，開叉三摺邊車縫（參考P.56）。

裁布圖
＊除指定處之外，縫份皆為1cm。
＊並排數字依序是7・9・11・13・15號。
1個數字代表5尺寸共通。

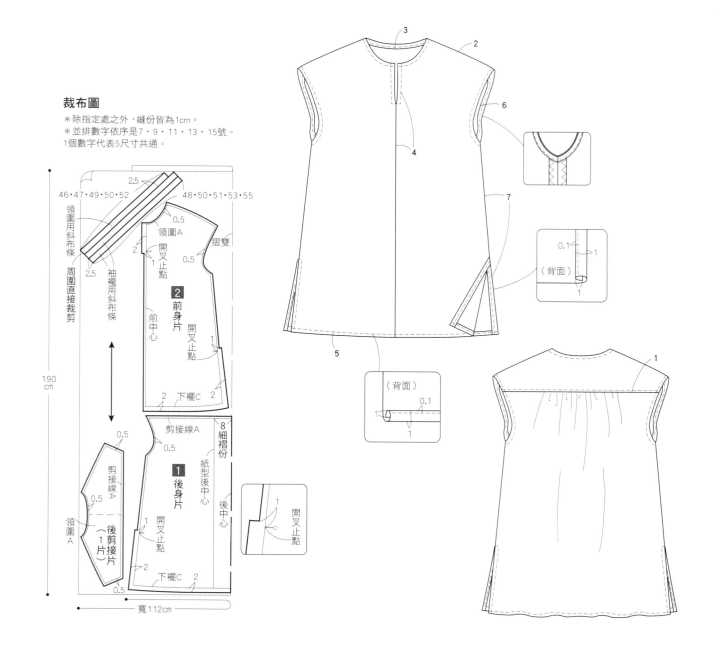

後領圍紙型描繪方法

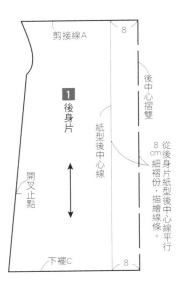

剪接線A

1 後身片

8

後中心摺雙

紙型後中心線

後身片紙型後中心線平行 8cm 細褶份，描繪線條。

開叉止點

下襬C

8

3

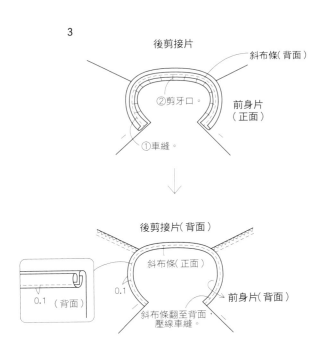

後剪接片

斜布條（背面）

②剪牙口。

前身片（正面）

①車縫。

後剪接片（背面）

斜布條（正面）

0.1

0.1

前身片（背面）

斜布條翻至背面壓線車縫。

0.1 （背面）

4

左前身片（正面）

開叉止點

右前身片（背面）

右、左前身片正面相對疊合，車縫前中心。

後剪接片

0.1

1

開叉止點

②自然地摺疊後三摺邊車縫。

前身片（背面）

①燙開縫份。

□材料
　表布…daily Lawn（37）寬106cm×190cm

□身長　約63cm

□製作方法
【縫製前準備】
・描繪袖子製圖，製作紙型。
・前身片前中心（參考P.63的4）和袖襱、袖山進
　行Z字形車縫。

1　車縫身片肩線（參考P.29）。
2　身片領圍車縫斜布條（參考P.63）。
3　身片前中心車縫至開叉止點，開叉三摺邊車縫
　　（參考P.63）。
4　袖子抽拉細褶，接縫身片。
5　從袖下車縫至脇邊。
6　袖口三摺邊車縫。
7　下襬三摺邊車縫（參考P.31）。

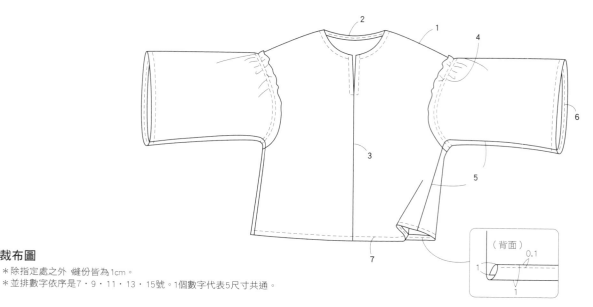

裁布圖
＊除指定處之外　縫份皆為1cm。
＊並排數字依序是7・9・11・13・15號。1個數字代表5尺寸共通。

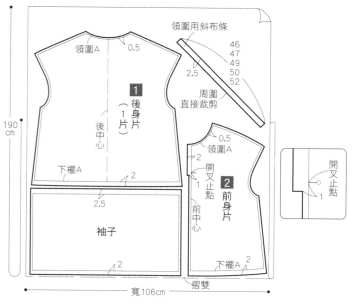

袖子製圖
＊並排數字依序是7・9・11・13・15號。
　1個數字代表5尺寸共通。

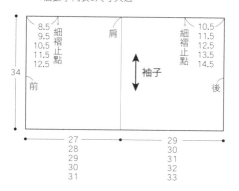

4

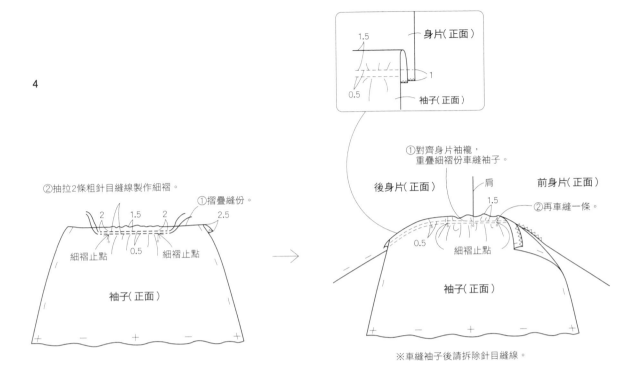

②抽拉2條粗針目縫線製作細褶。

①摺疊縫份。

2 1.5 2 2.5

細褶止點 0.5 細褶止點

袖子（正面）

1.5

0.5

身片（正面）

1

袖子（正面）

①對齊身片袖襱，
重疊細褶份車縫袖子。

後身片（正面） 肩 前身片（正面）

②再車縫一條。

細褶止點

袖子（正面）

※車縫袖子後請拆除針目縫線。

5

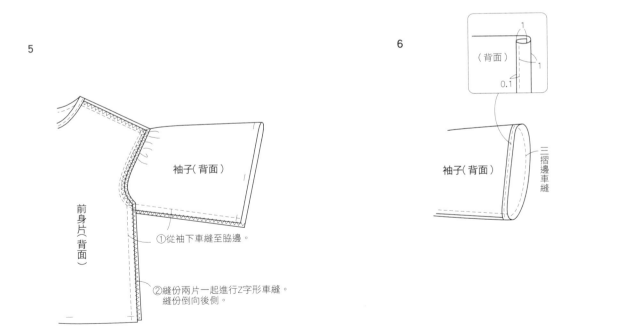

袖子（背面）

前身片（背面）

①從袖下車縫至脇邊。

②縫份兩片一起進行Z字形車縫。
縫份倒向後側。

6

1

（背面）

1

0.1

袖子（背面）

三摺邊車縫

□**材料**
　表布…先染格紋布（黑色）寬110cm×240cm
　黏著襯…寬90×50 cm（表領・表袖口部分）
　包釦…直徑1.5 cm2個

□**身長**　約70cm

□**製作方法**
【縫製前準備】
・前身片紙型前中心線平行4.5cm描繪細褶份。
・表領、表袖口布背面貼上黏著襯。
・身片後中心進行Z字形車縫。

1　前領圍製作細褶（參考P.48）。
2　車縫身片後中心，開叉三摺邊車縫（參考P.63）。

3　車縫身片肩線（參考P.29）。
4　製作領子。
5　身片接縫領子。
6　袖子抽拉細褶，接縫身片（參考P.49）。
7　從袖下車縫至脇邊（參考P.45）。
8　製作袖口布，接縫袖子（參考P.71）。
9　下襬三摺邊車縫（參考P.31）
10　身片製作釦環，製作包釦。

裁布圖
＊□ 代表黏著襯。
＊除指定處之外，縫份皆為1cm。

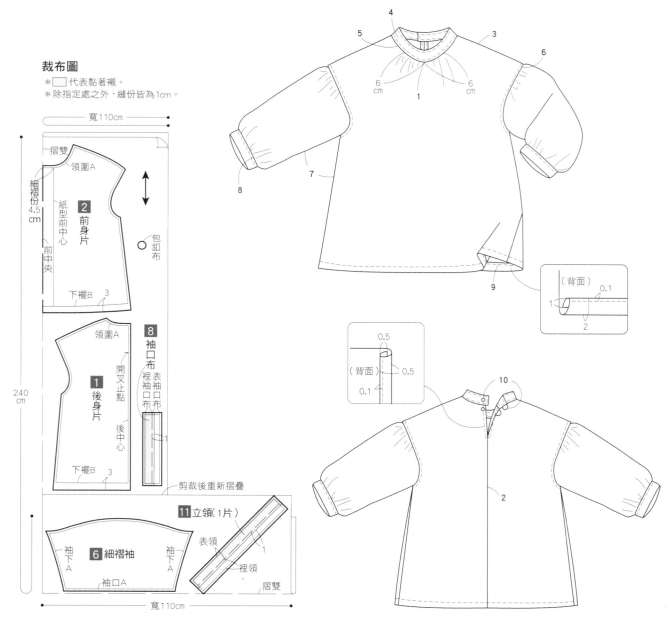

前身片紙型描繪方法

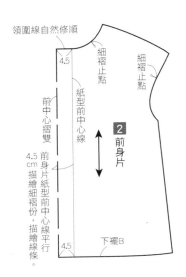

領圍線自然修順

細褶止點

細褶止點

4.5

前中心摺雙

紙型前中心線

2 前身片

4.5cm 前身片紙型前中心線平行描繪細褶份‧描繪線條。

4.5

下襬B

4

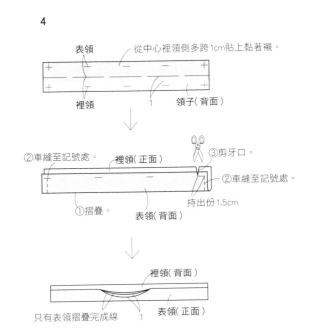

表領

從中心裡領側多跨1cm貼上黏著襯。

裡領

領子(背面)

1

②車縫至記號處。

裡領(正面)

③剪牙口。

①摺疊。

表領(背面)

②車縫至記號處。

持出份1.5cm

裡領(背面)

只有表領摺疊完成線

1

表領(正面)

5

10

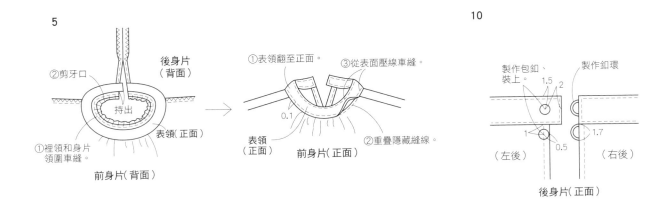

後身片(背面)

②剪牙口

持出

①裡領和身片領圍車縫。

表領(正面)

前身片(背面)

①表領翻至正面。

③從表面壓線車縫。

0.1

表領(正面)

②重疊隱藏縫線。

前身片(正面)

製作包釦、裝上。

1.5 2

製作釦環

1

0.5

1.7

(左後)

(右後)

後身片(正面)

□材料
　表布…原色搭配藍色條紋布 寬110cm×290cm

□身長　約70cm

□製作方法
【縫製前準備】
・後身片紙型後中心線平行8cm描繪細褶份。
・身片前中心進行Z字形車縫。

1　後身片抽拉細褶，接縫後剪接（參考P.34）。
2　車縫身片前中心，開叉壓線車縫。

3　車縫身片肩線（參考P.29）。
4　製作領子，接縫身片。
5　袖子抽拉細褶，接縫身片（參考P.49）。
6　從袖下車縫至脇邊（參考P.45）。
7　袖口三褶邊車縫（參考P.45）。
8　下襬三摺邊車縫（參考P.31）。

裁布圖

＊除指定處之外，縫份皆為1cm。

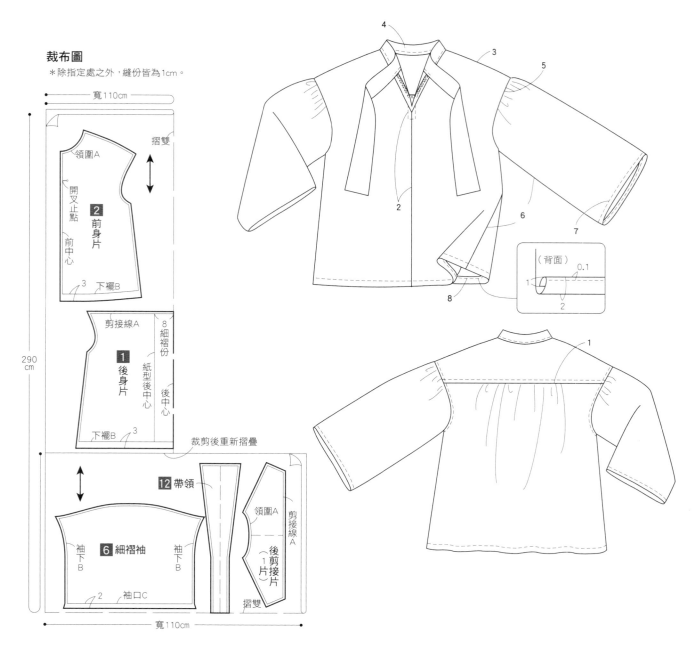

後身片紙型描繪方法

開叉止點

紙型後中心線

1 後身片

後中心摺雙

後中心摺雙

身片紙型後中心線平行8cm描繪細褶份。

下襬B

8

8

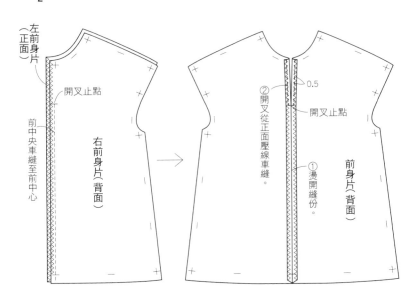

左前身片（正面）

開叉止點

前中央車縫至前中心

右前身片（背面）

②開叉從正面壓線車縫。

0.5

開叉止點

①燙開縫份。

前身片（背面）

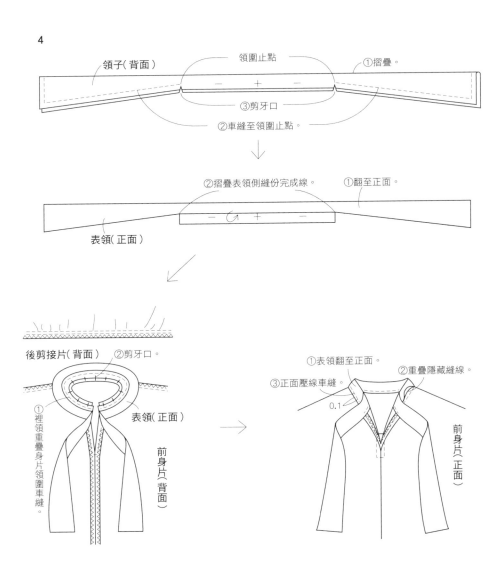

領子（背面）

領圍止點

①摺疊。

③剪牙口

②車縫至領圍止點。

②摺疊表領側縫份完成線。

①翻至正面。

表領（正面）

後剪接片（背面）　②剪牙口。

裡領重疊身片領圍車縫。

表領（正面）

前身片（背面）

①表領翻至正面。

②重疊隱藏縫線。

③正面壓線車縫。

0.1

前身片（正面）

□材料
　表布⋯羊毛格紋布（C1）寬148cm×270cm
　黏著襯⋯寬90cm×150cm（前端・表領台・表袖口布）
　止伸襯布條⋯寬1.5cm約40cm（口袋份）
　釦子⋯直徑1.8cm×7個

□身長　約104cm

□製作方法
【縫製前準備】
・前後身片紙型C線延長15cm。
・前身片紙型作上釦子縫製位置。
・前身片前端縫份、表領台、表袖口布背面貼上
　黏著襯。前身片背面口袋口貼上止伸襯布條。
・身片肩線、脇邊進行Z字形車縫。

1　車縫前端。
2　車縫身片肩線（參考P.34）。

3　製作領子・接縫身片（參考P.35）。
4　袖子製作細褶，接縫身片（參考P.49）。
5　預留口袋口，從袖下車縫至脇邊（參考P.30）。
6　身片接縫口袋（參考P.43）。
7　製作袖口布，接縫袖口。
8　下襬三褶邊車縫（參考P.73）。
9　製作釦眼，裝上釦子（參考P.37）。

裁布圖
＊ □ 代表黏著襯　▨ 代表止伸襯布條。
＊除指定處之外，縫份皆為1cm。

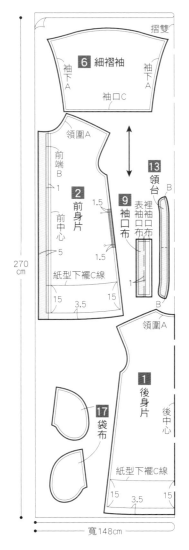

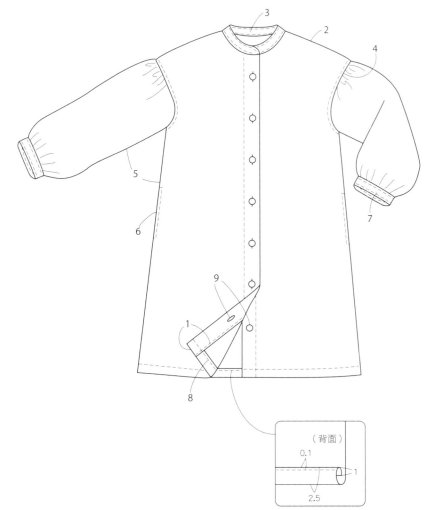

1

釦子縫製位置

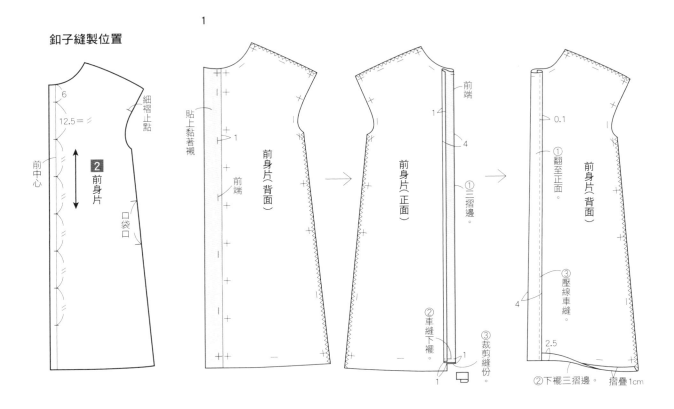

前中心

6

12.5＝

細褶止點

2 前身片

口袋口

貼上黏著襯

前端

前身片（背面）

前端

1

前身片（正面）

前端

1

4

①三摺邊。

②車縫下襬。

1

③裁剪縫份。

0.1

①翻至正面。

前身片（背面）

③壓線車縫。

4

2.5

②下襬三摺邊。

摺疊1cm

7

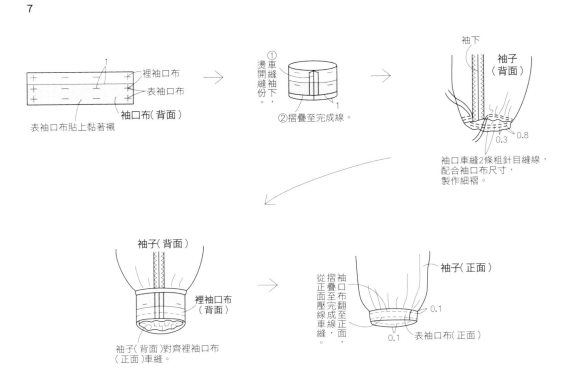

1

裡袖口布

表袖口布

袖口布（背面）

表袖口布貼上黏著襯

①車縫袖下，燙開縫份。

②摺疊至完成線。

1

袖下

袖子（背面）

0.3

0.8

袖口車縫2條粗針目縫線，配合袖口布尺寸，製作細褶。

袖子（背面）

裡袖口布（背面）

袖子（背面）對齊裡袖口布（正面）車縫。

袖子（正面）

袖口布翻至正面，摺疊至完成線，從正面壓線車縫。

0.1

0.1

表袖口布（正面）

□材料
　A布…LINAS亞麻丹寧布（3白色）寬145cm×60cm
　B布…LINAS亞麻丹寧布（6米色）寬145cm×160cm
　黏著襯…寬90cm×60cm（表領台份）
　釦子…直徑1.5cm7個

□身長　約89cm

□製作方法
【縫製前準備】
・後身片紙型從中心線平行5cm褶襉份。
・前身片和前剪接片紙型作上釦子縫製位置。
・表領台背面貼上黏著襯。

1　前身片接縫前剪接片。
2　摺疊後身片褶襉，接縫後剪接片。

3　車縫前端。
4　車縫身片肩線（參考P.34）。
5　製作領子、接縫身片（參考P.35）。
6　身片袖襱車縫斜布條。
7　車縫脇邊（參考P.30）。
8　下襬三褶邊車縫。
9　製作釦眼，裝上釦子（參考P.37）。

裁布圖

＊▢ 代表黏著襯。
＊除指定處之外，縫份皆為1cm。
＊並排數字依序是7・9・11・
　13・15號。若只有1個數字
　代表5尺寸共通。

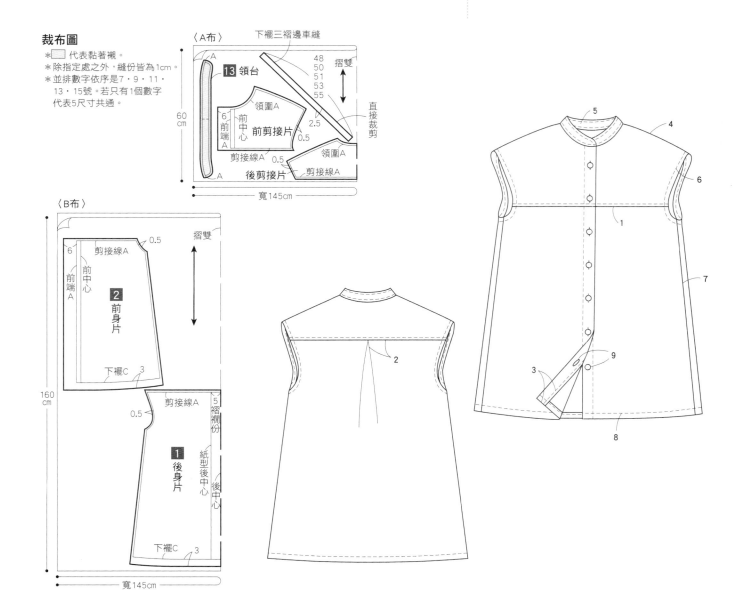

釦子縫製位置

後身片紙型描繪方法

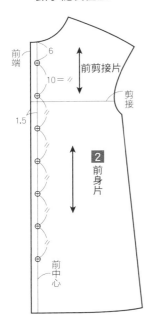

前端
6
前剪接片
10=
1.5
剪接
2 前身片
前中心

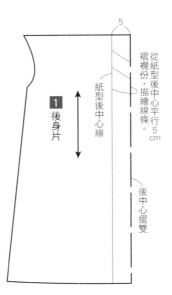

5
褶襉份
從紙型後中心線平行5cm描繪線條。
1 後身片
紙型後中心線
後中心摺雙

2

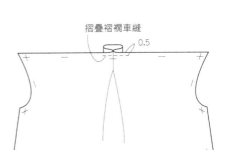

摺疊褶襉車縫
0.5
後身片（正面）

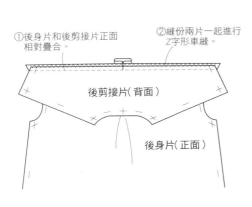

①後身片和後剪接片正面相對疊合。
②縫份兩片一起進行Z字形車縫。
後剪接片（背面）
後身片（正面）

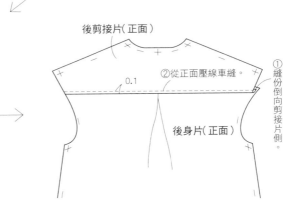

後剪接片（正面）
②從正面壓線車縫。
0.1
①縫份倒向剪接片側。
後身片（正面）

3

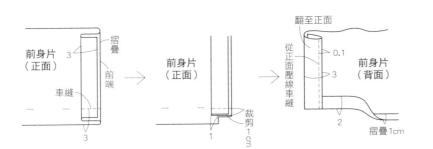

前身片（正面）
3
摺疊
前端
車縫
3
前身片（正面）
裁剪1cm
1
翻至正面
0.1
3
從正面壓線車縫
前身片（背面）
2
摺疊1cm

8

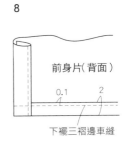

前身片（背面）
0.1
2
下襬三摺邊車縫

□**材料**

　表布…LIBERTY Tana Lawn Xanthe Sunbeam（ZE色）寬110cm×340cm

□**身長**　約114cm

□**製作方法**

〔縫製前準備〕

・前、後身片下襬線延長25cm，身片展開線平行

　增加12cm褶襉份。

1　前、後身片褶襉各自摺疊疏縫固定。

2　車縫身片後中心，開叉三摺邊車縫（參考P.63）。

3　車縫身片肩線（參考P.29）。

4　製作領子・接縫身片（參考P.69）。

5　身片袖襱車縫斜布條（參考P.30）。

6　車縫脇邊（參考P.30）。

7　下襬三摺邊車縫（參考P.31）。

裁布圖

＊除指定處之外，縫份皆為1cm。

＊並排數字依序是7・9・11・13・15號。

　若只有1個數字代表5尺寸共通。

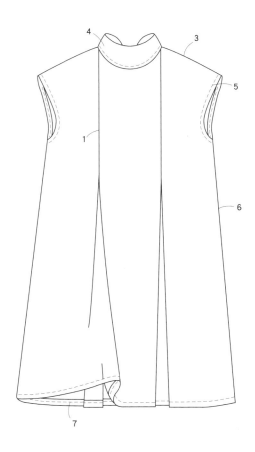

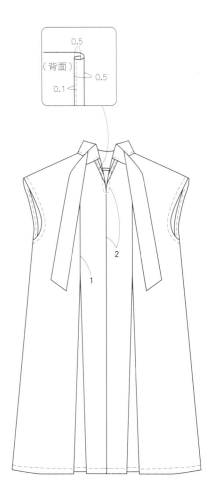

身片展開方法

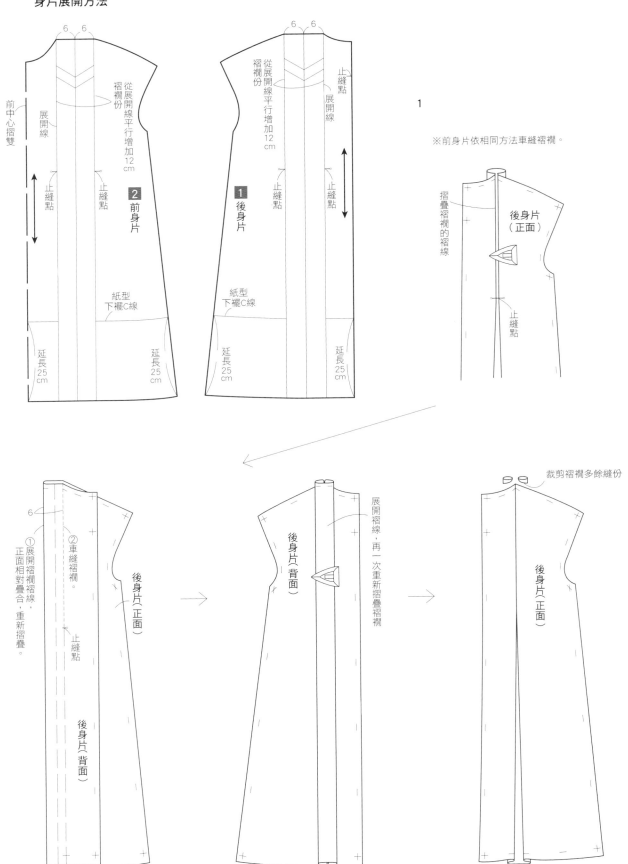

前中心摺雙

展開線

從展開線平行增加12cm

褶襉份

止縫點

止縫點

2 前身片

紙型下襬C線

延長25cm

延長25cm

止縫點

展開線

從展開線平行增加12cm

褶襉份

止縫點

止縫點

1 後身片

紙型下襬C線

延長25cm

延長25cm

1

※前身片依相同方法車縫褶襉。

摺疊褶襉的褶線

後身片（正面）

止縫點

①展開褶襉線，正面相對疊合，重新摺疊。

②車縫褶襉。

止縫點

後身片（正面）

後身片（背面）

展開褶襉線，再一次重新摺疊褶襉

後身片（背面）

裁剪褶襉多餘縫份

後身片（正面）

□材料
　表布…燈芯絨（灰藍色）寬105cm×390cm
　黏著襯…寬90cm×60cm（表上領・表領台・表袖口布）
　止伸襯布條…寬1.5cm約40cm（口袋份）
　釦子…直徑1.3cm×10個

□身長　約124cm

□製作方法
【縫製前準備】
・後身片紙型從後中心平行8cm細褶份。下襬從
　紙型下襬C線延長35cm。
・前身片紙型作上釦子縫製位置。
・表上領、表領台、表袖口布背面貼上黏著襯。口
　袋口貼上止伸襯布條。

1　車縫前端（參考P.73）。
2　後身片抽拉細褶，接縫後剪接片（參考P.34）。
3　車縫身片肩線（參考P.34）。
4　製作領子、接縫身片（參考P.35）。
5　摺疊袖口褶襉，接縫身片（參考P.36）。
6　預留口袋口，從袖下車縫至脇邊（參考P.30）。
7　身片接縫口袋（參考P.30）。
8　下襬三褶邊車縫。
9　製作釦眼，裝上釦子（參考P.37）。

裁布圖

＊布料逆向裁剪
＊□ 代表黏著襯　▨ 代表止伸襯布條
＊除指定處之外，縫份皆為1cm。

釦子縫製位置

後身片紙型描繪方法

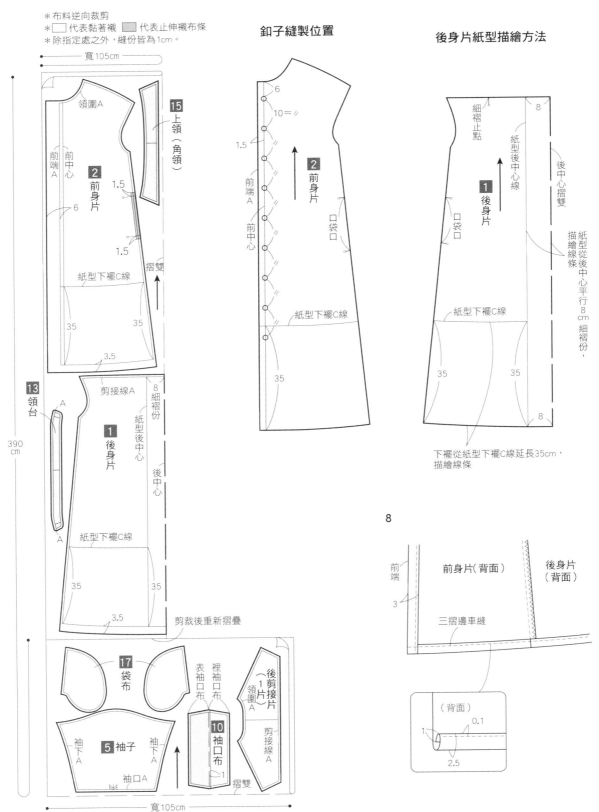

寬105cm

領圍A

15 上領（角領）

前端A　前中心

2 前身片

1.5

6

1.5

紙型下襬C線

摺雙

35　35

3.5

13 領台

剪接線A

8 細褶份

紙型後中心

1 後身片

後中心

A

A

紙型下襬C線

35　35

3.5

剪裁後重新摺疊

390cm

17 袋布

裡袖口布　表袖口布

後剪接片（1片）領圍A

剪接線A

5 袖子

袖下A　袖下A

10 袖口布

1

袖口A

摺雙

寬105cm

6

10 ＝ ∥

1.5

前端A　前中心

2 前身片

口袋口

紙型下襬C線

35

細褶止點

紙型後中心線

1 後身片

口袋口

紙型下襬C線

8

後中心摺雙

紙型從後中心平行8cm 細褶份，描繪線條

35　35

8

下襬從紙型下襬C線延長35cm，描繪線條

8

前端　3

前身片（背面）

三摺邊車縫

後身片（背面）

（背面）

0.1

1

2.5

77

□**材料**

　表布…棉麻條紋布（白底藍條）寬110cm×240cm

　黏著襯…寬90cm×60cm（表上領·表領台·表袖口布）

　釦子…直徑1.3cm×6個

□**身長**　約63cm

□**製作方法**

【縫製前準備】

·前身片紙型作上釦子縫製位置。

·表上領、表領台、表袖口布背面貼上黏著襯。

1　車縫前端（參考P.73）。

2　車縫身片肩線（參考P.34）。

3　製作領子、接縫身片（參考P.35）。

4　袖子抽拉細褶，接縫身片（參考P.35）。

5　從袖下車縫至脇邊（參考P.45）。

6　製作袖口布、接縫袖口（參考P.71）。

7　下襬三摺邊車縫（參考P.71）。

8　製作釦眼，裝上釦子（參考P.37）。

裁布圖

＊□代表黏著襯。

＊除指定處之外，縫份皆為1cm。

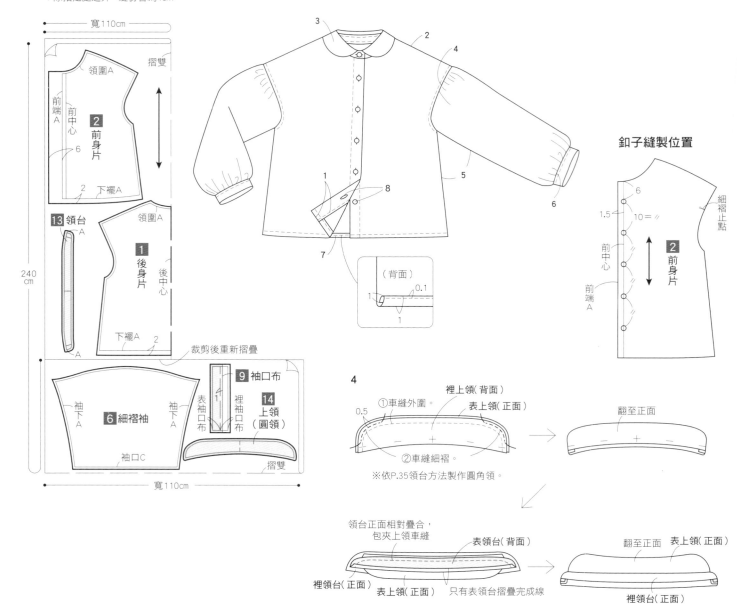

裁 縫 專 門 用 語

合印記號

車縫時避免移位或錯位的記號。在描繪紙型時，請一定要描繪必要的合印記號。

裡斜布條

斜布條放置內側，車縫布端的方法。

完全三摺邊

完成線的三摺邊寬度和摺疊的寬度相同的三摺邊作法。

細褶

收縮尺寸的作法，可製作蓬鬆的輪廓。

細褶車縫

製作細褶時，需粗針目（0.4cm）車縫（製作細褶需抽拉邊端，所以兩側不需回針縫）。

剪接

裁剪布料後，再次接縫的方法。本書有很多細褶或褶襇設計的剪接片接縫身片的作法。車縫處稱為剪接線。

逆向裁剪

使用燈芯絨等布料時，對照從上到下的毛流，相反地由下到上逆向裁剪。會產生較深的色彩。

直接裁剪

不需縫份的裁剪方法，或裁剪時不需要縫份。

褶襇

摺疊布料，製作褶子。使服裝有多餘的寬鬆份，製作立體的效果。

燙開縫份

車縫處以熨斗燙開倒向兩側。

縫份倒向單側

不需燙開縫份，縫份倒向指定的一方。

剪牙口

裁剪時，對合紙型記號處剪0.3至0.4cm牙口（或三角形記號）。

斜布條

和布紋呈斜向裁剪。45°裁剪稱為正斜紋，也是製作斜布條的角度。

布邊處理

處理布端的方法。以拷克或Z字形車縫處理。

貼邊

領圍等處處理縫份時，背面的布片。

Sewing 縫紉家 37

服裝設計師教你紙型的應用與變化
自己作20款質感系手作服

作　　者／月居良子
譯　　者／洪鈺惠
發 行 人／詹慶和
執行編輯／劉蕙寧
編　　輯／蔡毓玲・黃璟安・陳姿伶・陳昕儀
封面設計／周盈汝
美術編輯／陳麗娜・韓欣恬
內頁排版／周盈汝
出 版 者／雅書堂文化事業有限公司
發 行 者／雅書堂文化事業有限公司
郵撥帳號／18225950　郵政劃撥戶名：雅書堂文化事業有限公司
地　　址／新北市板橋區板新路206號3樓
網　　址／www.elegantbooks.com.tw
電子郵件／elegant.books@msa.hinet.net
電　　話／(02)8952-4078
傳　　真／(02)8952-4084

2020年05月初版一刷　定價 420 元

"TSUKIORI YOSHIKO NO ARRANGE WEAR" by Yoshiko
Tsukiori
Copyright © 2018 Yoshiko Tsukiori
All rights reserved.
Original Japanese edition published by SHUFU-TO-SEIKATSU
SHA LTD., Tokyo.

This Complex Chinese language edition is published by
arrangement with SHUFU-TO-SEIKATSU SHA LTD., Tokyo in care
of Tuttle-Mori Agency, Inc., Tokyo through Keio Cultural Enterprise
Co., Ltd., New Taipei City.

經銷／易可數位行銷股份有限公司
地址／新北市新店區寶橋路235巷6弄3號5樓
電話／(02)8911-0825　傳真／(02)8911-0801
版權所有・翻印必究

國家圖書館出版品預行編目(CIP)資料

服裝設計師教你紙型的應用與變化・自己作20款
質感系手作服/月居良子著; 洪鈺惠譯. -- 初版. –
新北市：雅書堂文化, 2020.05
　面；　公分. -- (Sewing縫紉家; 37)
ISBN 978-986-302-542-9 (平裝)

1.縫紉 2.衣飾 3.手工藝

426.3　　　　　　　　　　　　109006000

Yoshiko sukiori

月居良子

設計師。畢業於女子美術短期大學，任職服
裝公司後獨立。
設計範圍包括女性服裝、嬰兒服到結婚禮
服，相當廣泛。風格簡單且立體的剪裁很受
好評。除了日本，在法國、北歐等國家也非
常具有人氣。
著有《手作達人縫紉筆記：手作服這樣作就
對了》、《自己縫製的大人時尚・29件簡約
俐落手作服》（均為雅書堂出版）、《月居
良子的簡單作手作服》（學研プラス出版）
等多本書籍。

Staff

封面設計／平木千草
攝影／公文美和・ 岡 利惠子（主婦與生活社圖片
　　　編輯室）
造型師／串尾広枝
髮妝師／高野智子
模特兒／KAI
作法解説／小堺久美子
紙型配置／鈴木愛子・仲條詩步子
製圖／安藤設計・共同工藝社
校閱／滄流社
編輯／山地 翠

Yoshiko Tsukiori
Arrange wear
⟶

Happy Sewing
快樂裁縫師

SEWING縫紉家01

全圖解裁縫聖經

授權：BOUTIQUE-SHA

定價：1200元

21×26 cm · 632頁 · 雙色

SEWING縫紉家02

手作服基礎班：
畫紙型＆裁布技巧book

作者：水野佳子

定價：350元

19×26 cm · 96頁 · 彩色＋單色

SEWING縫紉家03

手作服基礎班：
口袋製作基礎book

作者：水野佳子

定價：320元

19×26 cm · 72頁 · 彩色＋單色

SEWING縫紉家04

手作服基礎班：
從零開始的縫紉技巧book

作者：水野佳子

定價：380元

19×26 cm · 132頁 · 彩色＋單色

SEWING縫紉家05

手作達人縫紉筆記：
手作服這樣作就對了

作者：月居良子

定價：380元

19×26 cm · 96頁 · 彩色＋單色

SEWING縫紉家07

Coser必看の
Cosplay手作服×道具製作術

授權：日本VOGUE社

定價：480元

21×29.7 cm · 96頁 · 彩色＋單色

SEWING縫紉家12

Coser必看の
Cosplay手作服×道具製作術2：
華麗進階款

授權：日本VOGUE社

定價：550元

21×29.7 cm · 106頁 · 彩色＋單色

SEWING縫紉家15

Cosplay超完美製衣術
COS服的基礎手作

授權：日本VOGUE社

定價：480元

21×29.7 cm · 90頁 · 彩色＋單色

SEWING縫紉家16

自然風女子的日常手作衣著

作者：美濃羽まゆみ

定價：380元

21×26 cm · 80頁 · 彩色

SEWING縫紉家17

無拉鍊設計的一日縫紉：
簡單有型的鬆緊帶褲＆裙

授權：BOUTIQUE-SHA

定價：350元

21×26 cm · 80頁 · 彩色

SEWING縫紉家18

Coser的手作服華麗挑戰：
自己作的COS服×道具

授權：日本VOGUE社

定價：480元

21×29.7 cm · 104頁 · 彩色＋單色

SEWING縫紉家19

專業裁縫師的紙型修正祕訣

作者：土屋郁子

定價：580元

21×26 cm · 152頁 · 雙色

SEWING縫紉家20

自然簡約派的
大人女子手作服

作者：伊藤みちよ

定價：380元

21×26 cm · 80頁 · 彩色＋單色

SEWING縫紉家21

在家自學
縫紉の基礎教科書

作者：伊藤みちよ

定價：450元

19×26 cm · 112頁 · 彩色

SEWING縫紉家22

簡單穿就好看！
大人女子の生活感製衣書

作者：伊藤みちよ

定價：380元

21×26 cm · 80頁 · 彩色

SEWING縫紉家23
自己縫製的大人時尚
29件簡約俐落手作服
作者：月居良子
定價：380元
21×26 cm・80頁・彩色＋單色

SEWING縫紉家24
素材美＆個性美
穿上就有型的亞麻感手作服
作者：大橋利枝子
定價：420元
19×26cm・96頁・彩色＋單色

SEWING縫紉家25
女子裁縫師的日常穿搭
授權：BOUTIQUE-SHA
定價：380元
19×26 cm・88頁・彩色＋單色

SEWING縫紉家26
Coser手作裁縫師
自己作Cosplay手作服＆配件
授權：日本VOGUE社
定價：480元
21×29.7 cm・90頁・彩色＋單色

SEWING縫紉家27
容易製作・嚴選經典
設計師の私房款手作服
作者：海外竜也
定價：420元
21×26 cm・96頁・彩色＋單色

SEWING縫紉家28
輕鬆學手作服設計課
4款版型作出16種變化
作者：香田あおい
定價：420元
19×26 cm・112頁・彩色＋單色

SEWING縫紉家29
量身訂作
有型有款的男子襯衫
作者：杉本善英
定價：420元
19×26 cm・88頁・彩色＋單色

SEWING縫紉家30
快樂裁縫我的百搭款手作服
一款紙型100%活用＆
365天穿不膩！
授權：BOUTIQUE-SHA
定價：420元
21×26 cm・80頁・彩色＋單色

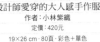

SEWING縫紉家31
舒適自然的手作
設計師愛穿的大人感手作服
作者：小林紫織
定價：420元
19×26 cm・80頁・彩色＋單色

SEWING縫紉家32
布料嚴選
鎌倉SWANYの自然風手作服
授權：主婦與生活社
定價：420元
21×28.5 cm・88頁・彩色＋單色

SEWING縫紉家34
無拉鍊×輕鬆縫・鬆緊帶
設計的褲＆裙＆配件小物
作者：BOUTIQUE-SHA
定價：420元
21 × 26 cm・96頁・彩色＋單色

SEWING縫紉家35
25款經典設計隨你挑！
自己作絕對好穿搭的
手作裙襯衫
作者：BOUTIQUE-SHA
定價：420元
21 × 26 cm・96頁・彩色＋單色

縫製自己的
洗練時尚手作服

SEWING縫紉家33
今天就穿這一款！
May Me的百搭大人手作服
作者：伊藤みちよ
定價：420元
21 × 26 cm・88頁・彩色＋單色

本圖摘自《今天就穿這一款！May Me的百搭大人手作服》

Yoshiko Tsukiori
Arrange wear

→